①エベレスト頂上で肺胞中ガスを採取するクリストファー・ピゾ博士
1981年10月

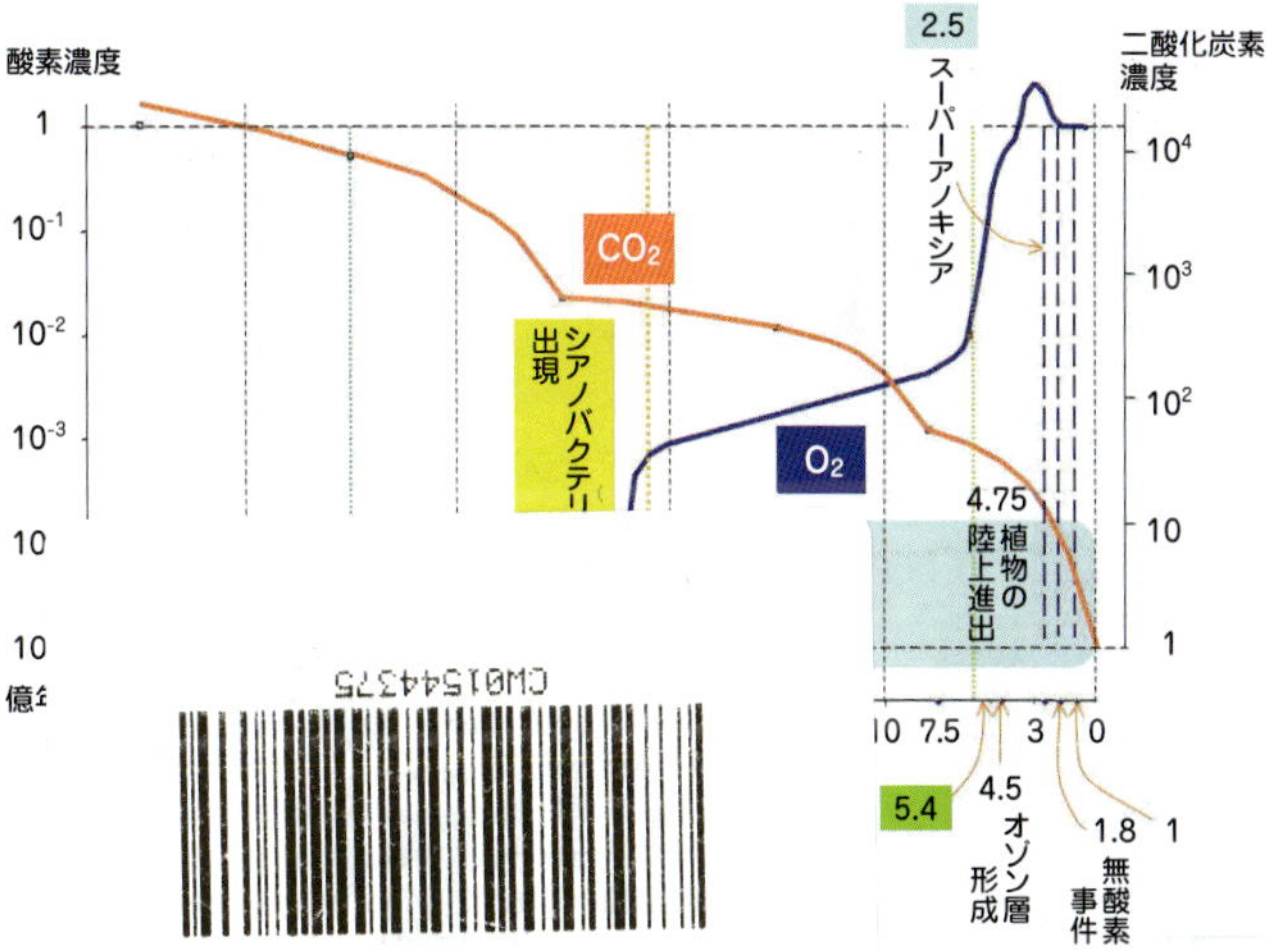

②大気中酸素濃度の変遷　地球上に酸素ガスが発生し、現在の濃度になるまで27億年も要した。酸素濃度が上昇した時期に一致して、生物は飛躍的に進化してきた。

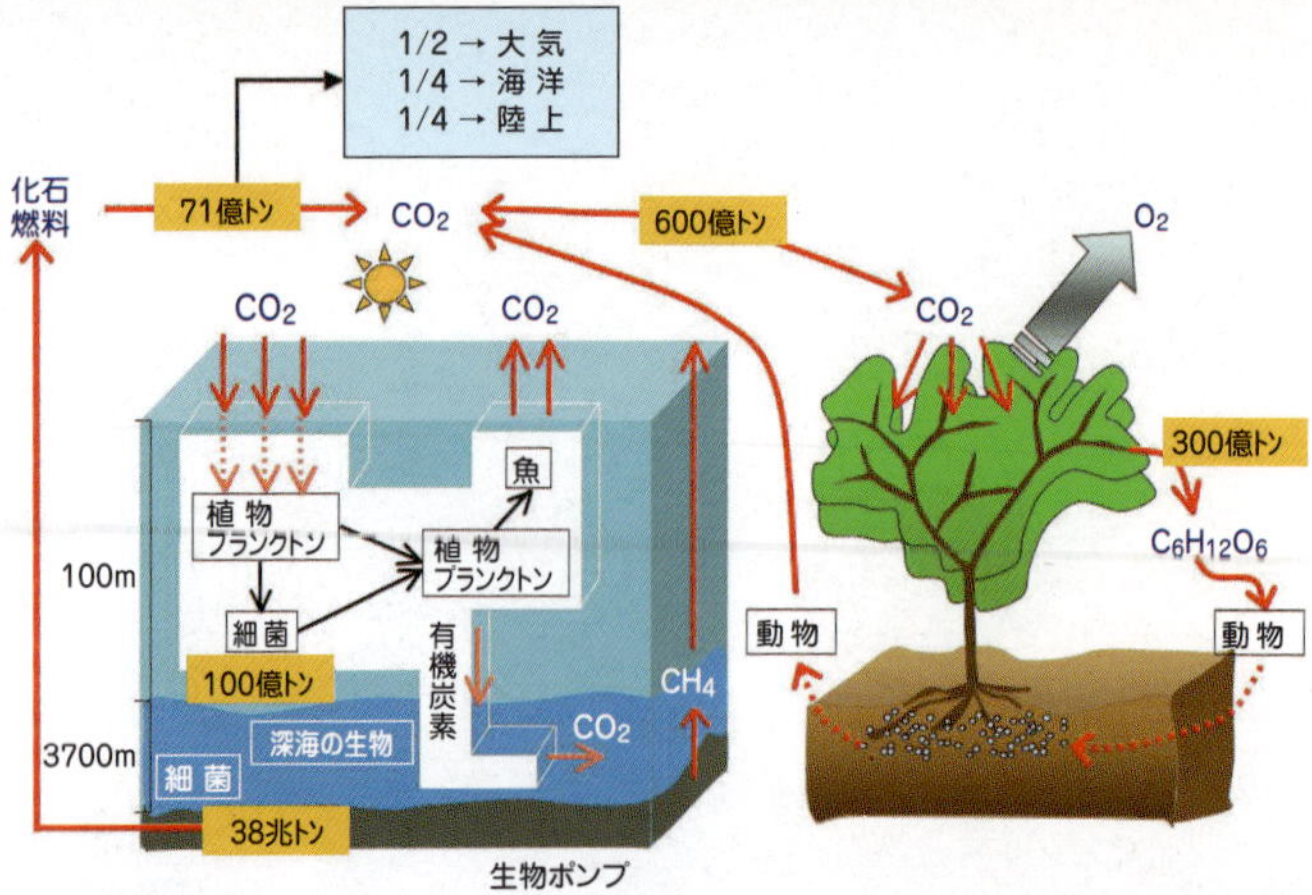

③炭素はめぐる　大気中酸素濃度に影響する二酸化炭素は、陸上と海洋との間を生物を介在して循環している。その過程は、生物ばかりでなく火山活動などの地質学的変化、気候学変化の影響を受ける。

④縞状鉄鉱層　27億～20億年前、海水中の鉄イオンはシアノバクテリアの生成する酸素分子と反応し、酸化鉄となって海底に沈んだ。これらの鉄は鉄器時代、産業革命、そして現代の文明の基礎となった（*Nature* 417 : 127-128, 2002 より引用）。

中公新書 1925

三村芳和著

酸素のはなし

生物を育んできた気体の謎

中央公論新社刊

まえがき

「息急《いきせ》き切って」走り、息遣いが荒くなった経験は誰にだってある。だが、「喘《あえ》ぐ」ということはない。走り終えたあともしばらく肩で大きく息をする。これは、走っている最中、不足した酸素を補充するためだ。やがて、息は楽になってくる。

日　西山に薄《せま》りて　気息　奄奄《えんえん》たり

ヒトや動物が死出の旅へ発つとき、息は絶え絶えになる。胸を膨らませ外気を取り入れるのがこれほど大変なことだとは、その場に立ち会った人でないとわからない。手を貸したいと思うがどうにもならない。死ぬから息が止まるのでなく、息をしないから人は死んでしまう。臨終の場面は終生忘れない。それほど迫真に満ちている。

今から二億五〇〇〇万年前、地球上から酸素ガスがなくなった。それが二〇〇〇万年も続いた。地球上の九十数％の生き物が死に絶えた。ほんの一握りのわずかに生き延びたわたしたちの祖先は、土のなかに潜りジッと息を潜めて待った。再び酸素ガスが地球上に満ちてくるのを。

これらの出来事は厳然とした事実――多くの生物は酸素がないと生きていけない――をあらわす。しかし四六億年前、地球が微惑星の衝突を繰り返し誕生したとき、酸素ガスはなかった。それから一〇億年たって海洋の熱水の中からたまたま、自己複製のできるアミノ酸のヒモ、そう、生物が誕生したときも酸素はなかった。

初期微生物が生まれたのち、さらに時を経ること八億年。今から二七億年前のことだ。太陽の光で海水を分解して、このとき発生するエネルギーを利用する細菌群が出現した。その化学反応によって水から酸素ガスが生まれた。地球大気中をくまなく覆い、ようやく痕跡《こんせき》程度の酸素ガスが認められるようになるのに、それから七億年もの歳月を要した。ということは、酸素のまったくない世界を生物は一五億年も生きてきたことになる。いや、現在も生きつづけている。酸素がないと生きていけないというのは、酸素を呼吸する生物からの視点にすぎない。

*

紙は陽に当たらなくてもいつしか黄ばむ。鉄釘も錆《さ》びる。酸素が紙や鉄を酸化しているのだ。わたしたちのからだも例外なく酸素によって燃やされている。

寸分の隙間もない容れ物にロウソクを入れ、火を点《つ》ける。はじめのうちは炎を上げてよく燃えるが、しばらくすると火は消えてしまう。空気を容器に誘導してやる。すると死灰復燃《しかいふくねん》、小振りの炎は再び火勢を増し、いつまでも燃えつづける。物が燃えるとは、その物質から電子が酸素へどんどん流れていることをあらわす。これが酸化反応だ。空気から酸素をとると残りはほとんど窒素ガスだけになる。窒素には相手から電子を奪う性質がないから、ロウソクの火は消える。酸素によってロウソクに火が灯るように、海洋中の、酸素がない所で悠久のときを暮らしてきた初期微生物も酸素ガスの出現によって「燃えた」。無理もない。初めてみる酸素ガスに対抗する手だてなど持ち合わせていなかった。酸素のない海底堆積物中に棲息《せいそく》していた微生物は、温泉が湧き出る所でヒッソリと生きつづけた。

＊

酸素は有毒である。だが、酸素は初期微生物を犠牲にしてでもそれをはるかに凌《しの》ぐ、惹《ひ》きつけてやまない利点をもっていた。酸素を細胞内に取り込むと莫大なエネルギーができるという魔法の力だ。酸素のない所で暮らす細菌がこれを見逃すわけがない。エネルギーを効率よくつくることができれば、もっとからだを大きくし行動範囲も拡げられる。敵をやっつけることだってできる。

生物が「必要とするエネルギー」とは、食物がもっているエネルギーを生物が使える形に「加工」したものである。この加工方法は地球上のすべての生物に共通している。ある物質Aから物質B、電子が移動するときエネルギーが発生する。生物はこの物理現象を利用している。そして、できたエネルギーをATP（アデノシン三リン酸）という生物仕様のエネルギー化合物に封じ込める。すべての生き物はあらゆる活動にATPを使う。酸素を呼吸する生物にとって物質Aは食材、物質Bは酸素ガスとすこぶる単純に考えることができる。酸素は強く電子を求引する性質をもつ。だから多くの生物が酸素を利用する。酸素がないところで生きる生物にとっては物質Bは酸素以外の物質があたり、物質Aよりもエネルギー準位が低い無機物などが選択される。

*

やがて酸素を「呼吸」する生物が誕生した。二〇億年以上も前である。酸素を利用してエネルギーを効率よくつくること、それは生物進化に必須の出来事だった。そして単細胞生物は、ミトコンドリアというもっぱらエネルギーをつくるだけに特化した細胞内小器官を備えた。酸素呼吸が苦手な微生物の体内に酸素を好む別の細菌が侵入し、もちつもたれつの共同生活を始めた。共存共栄である。こうしてわたしたちの祖先細胞となる真核《しんかく》細胞が誕生した。

生物の歴史でもっとも画期的な出来事であった。それ以降、酸素の「味をしめた」真核生物は自分のからだの細胞を増やし大きくすること、機能を分化させ、高度に発達したからだをつくることに邁進《まいしん》した。その時代時代で酸素を利用できる最大限の進化を遂げながら。

しかし二〇億年前には大気中の酸素濃度は痕跡程度しかなかった。現在のたったの一〇万分の一。酸素ガスを使って、わたしたちが利用する「好気的《こうき》代謝」ができるようになったのは今から六億年前。それでもこのときの酸素濃度はわずか一％にしかすぎなかった。その後、六億年かけて現在の濃度二一％となる。なぜそれほどまでに気の遠くなるような時間を費やし現在に至ったのか。それは、酸素濃度は単に酸素を放出する細菌や植物だけの問題ではなく、地球を襲う物理化学的な変化に、そして環境の変化に、つねに翻弄《ほんろう》されて決定されてきたからだ。地球そのものが絶えず活動する生き物だから、それに連動してすべて偶然の組み合わせの結果で酸素濃度は決まってきた。まさに空即是色《くうそくぜしき》。さまざまな条件に支えられて酸素ガスは存在している。現在は二一％に落着している。天長地久《てんちょうちきゅう》に思える現在の酸素濃度も、長い視点でみれば一過性にすぎないはずである。

地球上の酸素濃度がもっと上がればよいのだろうか。もしそのようなことが起きたとしたら、わたしたちのからだの動きはもっと楽になるのだろうか。それはちょうどつねに酸素ボンベを抱えて生活しているようなものだ。生物の長い歴史を知るとき、このような発想が極端に偏ったもので単純すぎることがわかる。いま以上の「高酸素」が出現するにはそれなりの地球単位の「出来事」が必要であろうし、それに適応したヒト以外の生物種が出現するには億年単位のはるかな時間を要するにちがいない。

＊

酸素ガスの出現によって生物の生産力は高まり、生物は飛躍的に分化し進化を遂げた。しかし地球上には酸素がなくても平気な生物も、酸素があってもなくてもどちらでもよい生き物もいる。いずれの生物も自分のからだの周りに酸素がどのくらいあるか、逐一知っている。生物はそのための酸素センサーを完備している。無味無臭で無声の酸素ガスを検出する装置のことである。とくにヒトを含めた好気性生物はこのセンサーによって酸素不足状態を知り、低酸素に適応するシステムを構築してきた。

＊

もうひとつ、酸素呼吸をする生物に課せられた大きな試練は、体内で必ず発生する有毒な活性酸素をどのように処理するかである。これに対しても見事なまでに対処システムをつくってきた。いまの大気中酸素濃度はこれらの二つの問題を最小限にとどめ、かつほかの元素の物質循環と化学反応、地質的出来事の総和の結果、成立しているようなものだ。生物の歴史そのものの結果である。

＊

この宇宙に酸素元素そのものがなかったら、ヒトほどに高度な文化をもった種にまで進化した生物は出現しなかったであろう。本書は酸素がなければ生きられないヒトの存在、しかもその酸素濃度が二一％でなければならない必然の種明かしである。

目次

第一章

山に登ると
どうして息が切れるのか

竜飛鳳舞（りゅうひほうぶ）　もっと高く
ガンチェンポ（6297メートル、ネパール）、1976年４月撮影

天高く　気清し

清々とした空気が漂い、澄みわたった空が拡がっている情景が浮かぶ。同時に意気揚々とした気分を彷彿《ほうふつ》させる。

地上は確かに空気で覆われている。しかし、ふだん、空気を意識して呼吸することはない。同じ無味無臭の流体である水は「飲水思源《いんすいしげん》」――水を飲むたびに水源のありがたさに思いを馳せる。小水之魚《しょうすいのうお》であっても、じきに命が果てるわけでもない。ところが、空気、正確には酸素が途絶えれば、ヒトや動物は瞬く間に死んでしまう。でも市井では、いま酸素濃度がどのくらいあるかなど誰も考えずに生活している。現にそれで何ら支障ない。空気は地上の生物にとって形影《けいえい》離れず、当たり前過ぎるほどの存在、犬が西向きゃ尾は東なのだ。

高い山に登ったとき息が苦しくなる。それは、高度が増すと空気の重さ（大気圧）が小さくなり、大気を構成する酸素の圧力も減る。だから肺が取り込む酸素の量が減って、これを補うために呼吸が速くなるのだ。高い所へ行かなくても平地を駆ければ、息がハアハアする。

「運動」しているから呼吸が苦しくなるのではなく、運動によって骨格筋の酸素が足りなくなり、酸素をより多く求めて呼吸が速くなるのである。それで苦しく感じる。運動後も息が乱れるのは、運動中に足りなくなった酸素を帳消しにするため酸素をどんどん体内に取り入れるからだ。だから、高い山に登って息が切れるのには二つの理由がある。ひとつは空気中の酸素自体が少なくなるため、もうひとつは運動する筋肉が酸素不足になるためだ。

陸上生物では、細胞がエネルギーをつくるとき、正確には栄養素中に潜むエネルギーを細胞が必要とする形のエネルギーに加工するとき、酸素を必要とする。大福を食べたとしよう。もともと大福餅と餡《あん》こ（それらはもとを正せば、糯米《もちごめ》と大豆と少々の砂糖）が内在するエネルギーをわたしたちのからだのなかで引っ張り出すため、歯で嚙んで、胃で消化しグルコース単位とし、小腸で吸収する。それらはグリコーゲンとなって一時的に肝臓に貯蔵されるか、必要とするからだの各細胞内へ取り込まれて、からだが使える形のエネルギー（ATP）となる。このとき酸素が必要となる。「息が切れる」のは細胞がエネルギーをうまくつくれない状態をあらわす。つまり、せっかくもっている餅や餡このエネルギーを十分に引っ張り出してやることができない。

マラソンをしているとき、下肢の筋肉は酸素を取り入れて十分なエネルギーをつくろうとする。少しでも酸素を取り込もうとするため呼吸が乱れる。息が切れるというのは、からだが酸素を要求しているサインである。血液中に溜《た》まった二酸化炭素が脳の呼吸中枢を刺激するからだ。教科書的には、酸素不足による血液中の変化（水素イオン濃度の増加およびpHの低下）が最終的に視床下部《ししようかぶ》にある呼吸中枢を刺激して呼吸が速く深くなる。

酸素が不足して換気量が増えるのは、一〇〇年以上も前から当然と受けとめられてきたが、この応答の生化学的機構はほとんど解明されずにきた。最近になって、この仕組みの詳細がわかった。ただでさえ酸素が少ない環境で、自分の体重と荷物とを高さに抗して上げる山登りは酸素不足との戦いである。からだのなかでどのような変化がおきるのか、全力疾走したときの例で説明してみよう。

1　全力疾走する

血液のゆくえ

電車やバスに乗り遅れまいとして全力疾走するとき呼吸はハアハアし、心臓は早鐘のように打つ。心臓がドキドキするのは、からだ中に血液を送り出す心臓がフル回転、すなわち心臓が収縮しては、からだ中の血液が還《かえ》ってくるときに拡張するからだ。この数は毎分二〇〇回くらいで頭打ちとなる。オリンピック選手でも同じだ。

しかし、トレーニングをしている人では心臓が拍動するたびに送り出す血液量が多い。心拍数と掛け合わせるとスポーツ選手は素人よりも一・五倍も多くの血液を心臓から送り出すことができる。心拍出量のちがいだけでなく、スポーツ選手は肺換気量が多く、少ない血液還流でより多くの仕事ができる筋肉をもっている。

ふだん運動をしていない人でも、いざ走ると一回の心拍動で送り出す血液量が増える。それは、心臓に戻ってきた血液によって心臓の筋肉が拡張し、その結果、もっと強い力で心筋が収縮するようになるからだ（スターリングの法則）。成人ではふつう一分間に五リットルの血液が心臓から送り出されるが、もうこれ以上は速く走れないというくらいのスピードで走ると、心拍出量は五倍にも増える。一流の運動選手では七〜八倍になる。

では、このように増えた、からだをめぐる血液は一体どこへ行くのだろう。安静時、骨格筋は血液中の酸素の約二五％しか吸収しない。でも激しい運動をするとき、心臓から送り出される血液のなんと八五％以上もが骨格筋に集まってくる（図1－1）。臓器間で血液を筋組織にお裾分けしているのである。皮膚や内臓にまわる分の血液を骨格筋へ融通する。脳だけは周囲の環境に振り回されることなく血液配分が一定している。ではなぜ、筋組織へ血流を増やすのだろう。

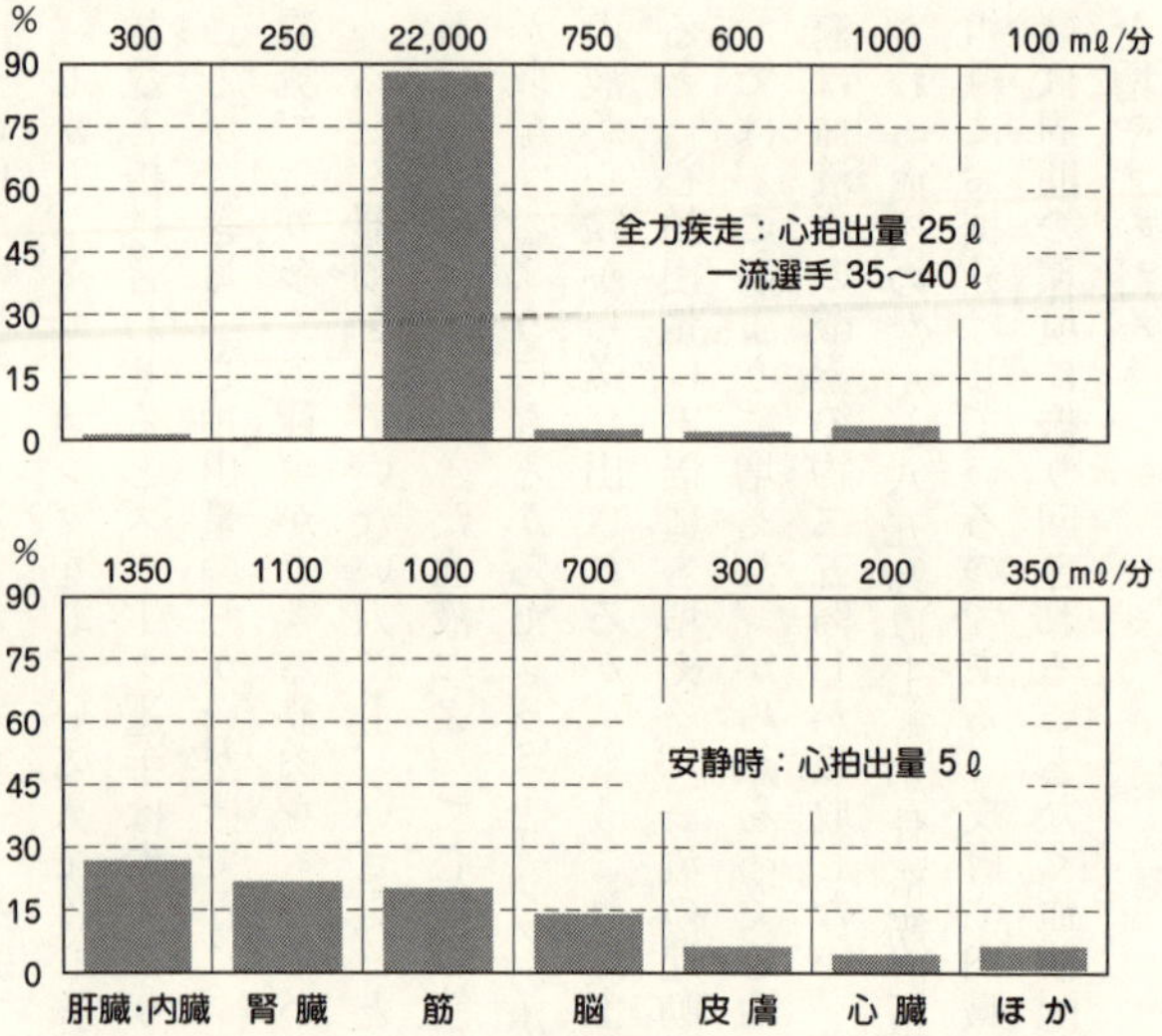

図1－1　全力疾走したとき、各臓器へ配分される血液の割合　血液は最優先で筋肉へ送られる。心臓から拍出される血液の85%が骨格筋に送られる。

それは、運動中の骨格筋へ多くの酸素を供給するためだ（血液中の赤血球が酸素を運んでいる）。成人では休息しているとき、一分間に三分の一リットルの酸素を消費するが、激しい運動をするときはこの一〇倍にもなる。運動選手では二〇倍にも達する。

口や鼻から吸い込んだ空気はまず肺へ取り込まれる。肺は「ブドウの房」をイメージするとわかりやすい。ブドウは茎からさらに細かく分かれた小枝の先に、いくつもの房をぶら下げているが、これと同じように肺では「肺胞《はいほう》」が気管支の先に連なっている（図1－2）。肺胞は吸入した空気で満たされると浮き袋のようになる。だから大きく息を吸うと、からだは自然と水に浮かぶ。海中に潜るときに息を吐くのは、この浮き袋を小さくして浮力が働かないようにするためだ。

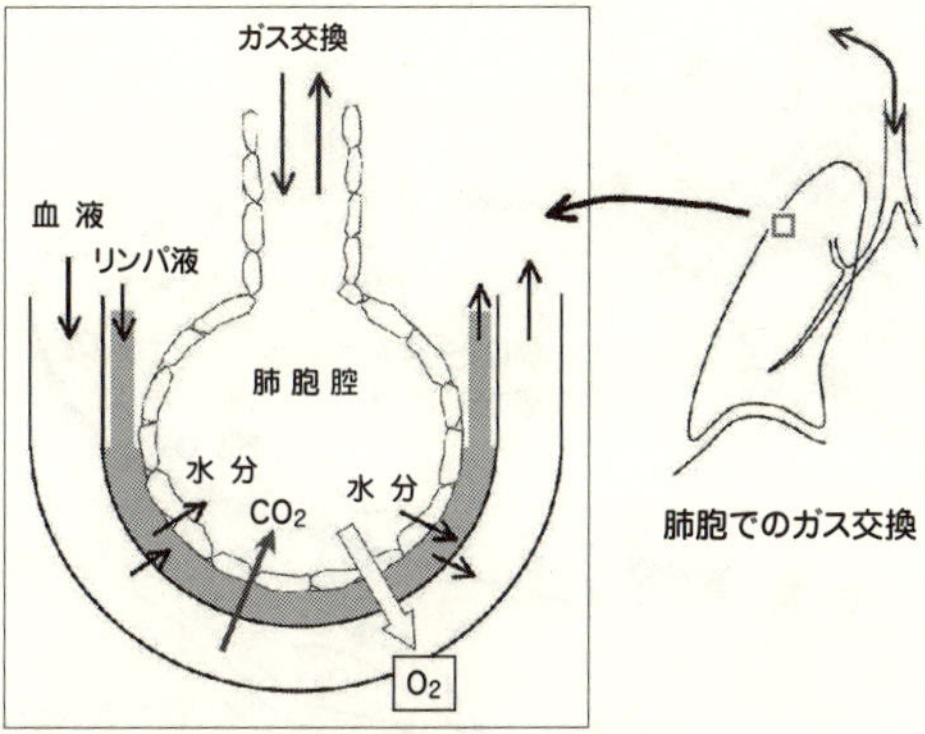

図1－2　ブドウの房となった肺胞　両方の肺で3億個もある肺胞の表面積はテニスコート半分にもおよぶ。肺胞で吸気ガス中の酸素は血液中へ移行していく。肺胞の周りを薄いシートが覆うように毛細血管が取り巻いている。

この肺胞、左右の肺で三億個もある。一個の大きさは〇・一～〇・二ミリ。厚さ〇・三マイクロメートルほどの生体膜でできている。表面積は七〇平方メートル、テニスコートの半分に相当する。肺胞の内面は粘膜ですべて覆われ、その下に毛細血管がビッシリとはりついて血液が流れている。この肺胞と血液との間でガスが交換される。つまり、肺胞中の酸素が、血流にのる赤血球のヘモグロビンと結合し、からだの末梢《まっしょう》へ運ばれていく。同時にからだの隅々から出てきた二酸化炭素が血液にのって肺胞中に拡散してくる。そして、筋組織に選択的

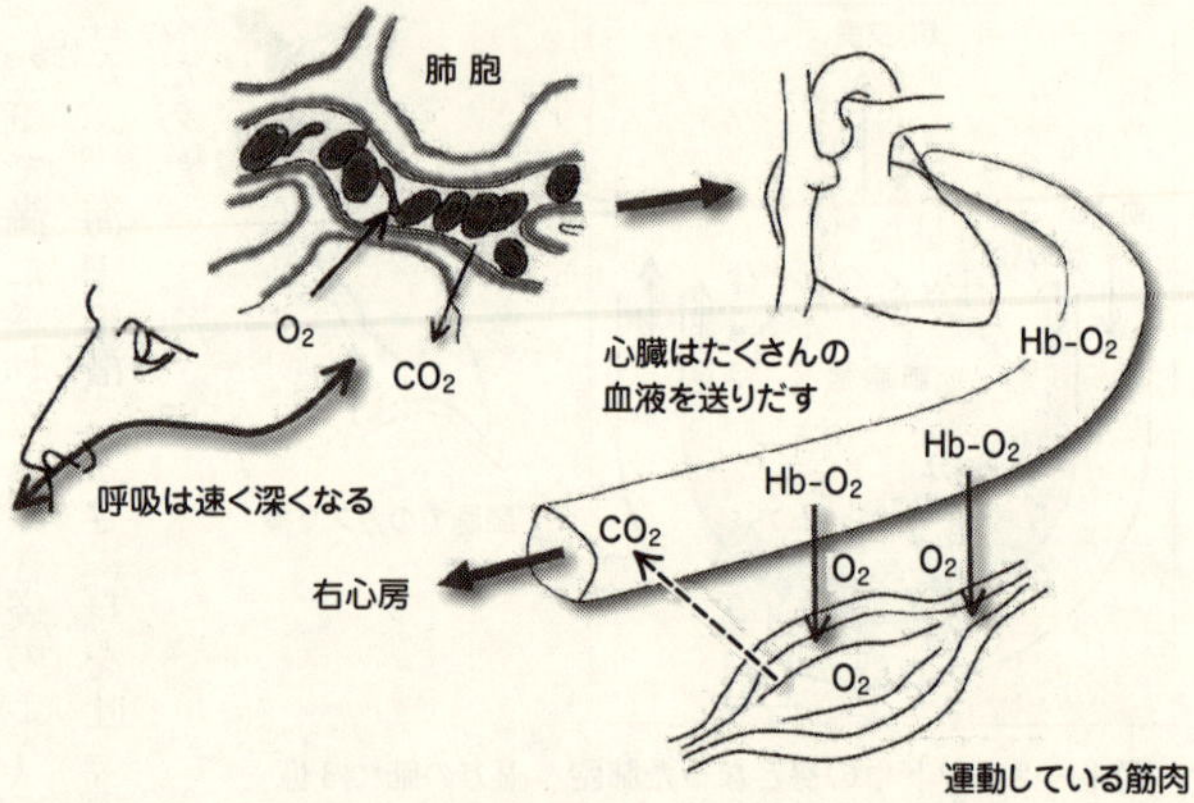

図1－3　心拍出量を増やす理由　運動中の筋肉へ多くの酸素を供給するため心臓は収縮力を高め、心拍数を増やす。

に送られた血液中の酸素はヘモグロビン（Hb）から離れて筋肉内へ放出され、細胞のなかへと取り込まれていくのである（図1－3）。

全身の血管の走行距離は一〇万キロメートル。動脈から静脈に移行する末梢組織の部分では毛細血管がネットワークをつくり、末梢組織へ流れる血液量を調節している。これを微小血管系と呼ぶ。なぜ、筋肉は酸素がたくさん必要なのだろう。それは、運動中の筋肉にエネルギーを供給するためである。

スピードと筋肉疲労

全力疾走していると突然、スピードが落ちてくる。走ろうといくら頑張っても筋肉がいうことをきかない。筋肉疲労である。だれでも経験する。筋肉は使いつづけると力が出なくなる。

危機一髪で筋力を蘇《よみがえ》らせることができるのは映画のシーンでのことだ。走るスピードが落ちるとともに、ある物質が蓄積してくる。乳酸である。それが筋肉疲労を感じさせているのだ。

運動とは複数の骨格筋が収縮活動する総和である。筋肉運動にはエネルギーがいるが、このエネルギーを秘めた化合物をＡＴＰという。ＡＴＰはアデノシンという物質に二つのリン酸基が高エネルギーで結合してできたもので、ＡＴＰが分解するときこの「エネルギー」が放出される（ＡＴＰ一分子で七・三キロカロリー）。これで筋肉が収縮する。筋肉をたくさん使うときはそれだけＡＴＰが多くいる。筋肉内にはこのＡＴＰがある程度、貯蔵されているが、お金と同じで使えばなくなってしまう。だから、いつもからだは筋肉にＡＴＰを補給している。

ＡＴＰが生成される過程は分解の反対で、「高エネルギー」のもとにアデノシン二リン酸（ＡＤＰ）にリンが結合するのである。この「高エネルギー」は、酸素の存在下で糖や脂肪から効率よくできる（この仕組みについては第二章参照）。糖は酸素が十分なければ、不完全燃焼して途中で代謝経路が変わり、乳酸に代謝されてしまう。だから、血中や組織中の乳酸値は、どのくらい酸素が足りないかの指標となる。スポーツ選手がトレーニングの効果をみるために、血液を採取して乳酸値を調べたりする理由はここにある。筋肉内のＡＴＰが消費されて底をつき、糖が不完全燃焼して乳酸が溜まってくると筋肉は収縮しづらくなり、「疲

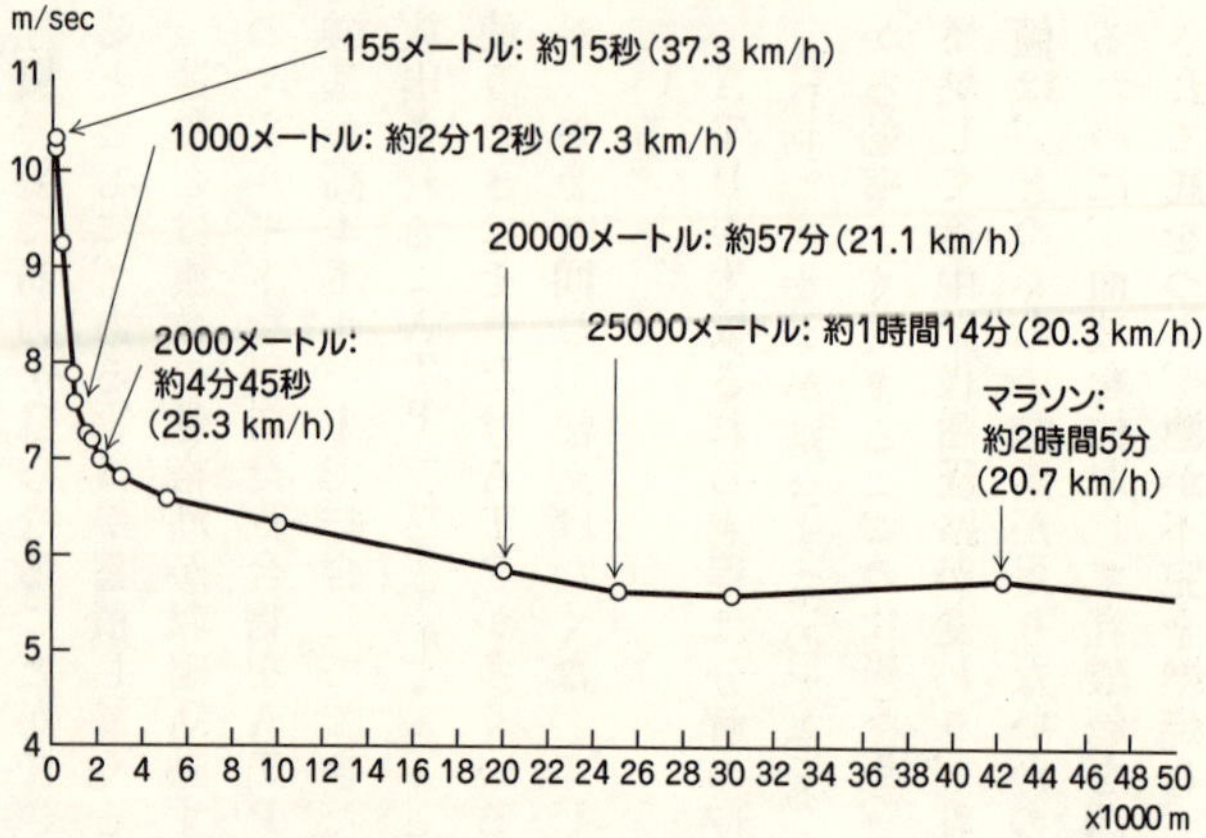

図1－4　男子陸上競技の世界記録（2006年6月現在）　長い距離を走るほどスピードが落ちてくる。速度が低下するところが3つある。スピードが少し上がる時点が1つある。

れ」を感じる。子供の頃、走っている最中に突然、脇腹が痛くなったことがあるだろう。それは横隔膜《おうかくまく》という筋肉が、溜まった乳酸により痛みをおこしているのだ。

一〇〇メートル走からマラソンまで世界記録を調べると、走る距離によりスピードの落ち方が四段階に分けられる（図1―4）。①全力疾走しスピードが落ちはじめるのはスタートから約一五秒の時点だ。その後、一〇〇〇メートルまでの間で急激にスピードが落ちる。②つぎの一〇〇〇メートルまではスピードの落ち方が緩くなる。③そして、二万五〇〇〇メートルまではさらに緩くなる。④これを過ぎるとスピードはむしろわずかに上がる。これらは何を意味するのだろう。

わたしたちはどのくらいの距離を走るかによりスピードを加減する。バスや電車に追いつくのに、五〇メートルくらいなら猛烈な勢いで駆ける。しかし、四〇〇メートルとか五〇〇メートル以上ならはじめから飛ばさない。まして、一〇〇〇メートル以上なら体力を温存しながら、走るというより速足で歩く。ゆっくり走るという意味は、足の筋肉（実際には腕も胸の筋肉もそうだが）が必要とするエネルギーをつくるだけの酸素を取り込むことができる程度のスピードに落として走るということだ。心臓や肺はフル回転することなく、余裕をもって長い時間にわたり動かすことができる。

グリコーゲンの使われ方

全速力で走ったとしよう。最初の二～三秒で筋肉中のATPは激減する。補給されなければ底をついてしまう（図1－5）。筋肉中には高エネルギーリン酸結合をもったクレアチンリン酸がATPとは別に豊富にあるので、ATPが分解してできたADPに高エネルギーを使ってリンをくっつけることができる。だが、これもせいぜい運動しはじめてから一五秒くらいの間だ。理論的には、ATPとクレアチンリン酸だけで一〇〇メートルは全速で走れる。だから、この距離ではスピードは落ちない。

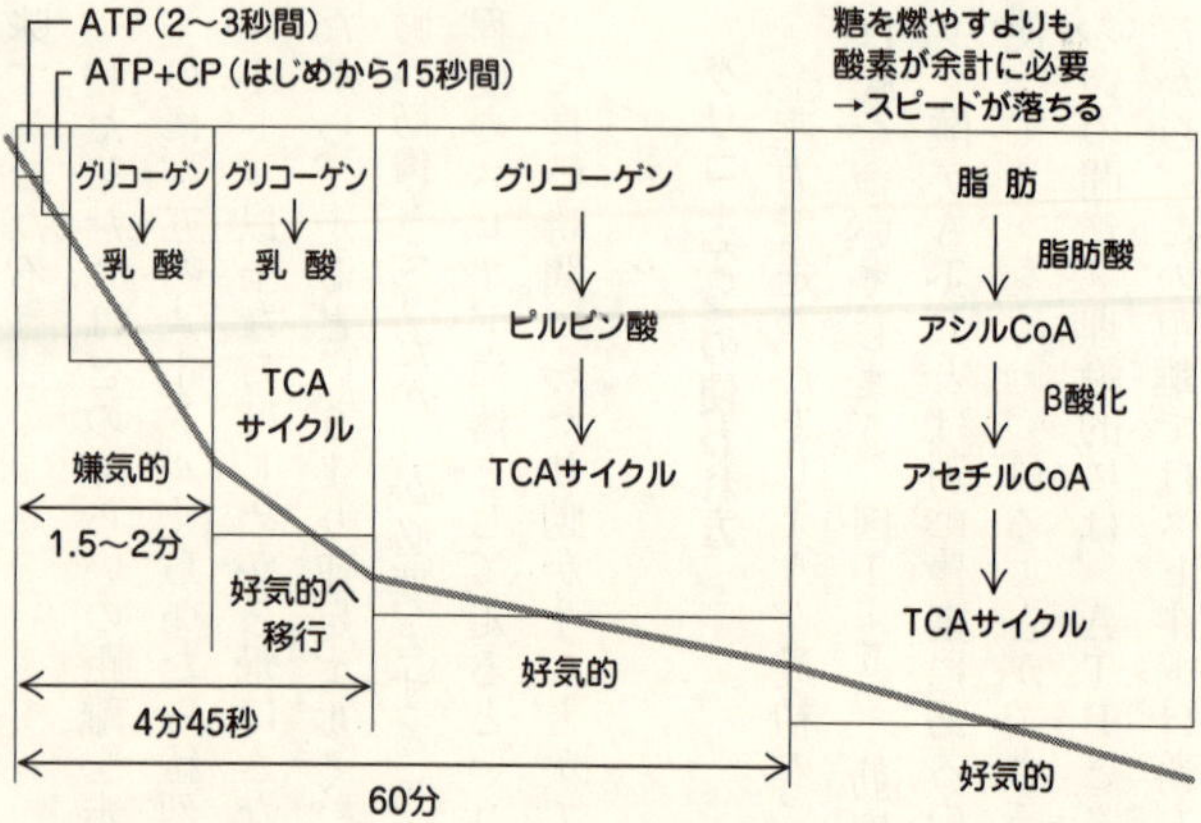

図1－5　走っているときのスピードで、消費するエネルギー基質がちがう　酸素がなくても15秒間は全力で走れる。だが、エネルギーを効率よくつくることができない。結局、スピードを落とし酸素を利用する好気的代謝に頼らざるを得なくなってくる。CP：クレアチンリン酸

スピードが落ちてくるのはこのあとだ。

このとき骨格筋内では、筋肉に貯蔵されていたグリコーゲンが使われはじめる。だが、走るスピードが速すぎて十分な酸素を筋肉に供給することができなければ、グリコーゲンからＡＴＰを有効につくることができない。グリコーゲンは「不完全燃焼」して乳酸になってしまうからだ。グリコーゲンはグルコースが集まったものので、酸素が十分にあるときはグルコース一モルから三六個のＡＴＰができる。

しかし、酸素が不足するとわずか二個のＡＴＰしかできない。全速のまま走りつづけると乳酸はどんどん溜まり、筋肉を動かすＡＴＰも不足して、足は疲れてもつれてくる、ふつうの人は電車やバスを

追っかけるのを止める。

さて、グルコース一グラムは四キロカロリーの熱量をもつ。これは四リットルの水を温めて温度を一℃上げることができる熱量に相当する。脂肪は一グラムで九キロカロリー。これはあくまでも栄養素を完全燃焼させたときの熱量で、このまますべてがからだ仕様のエネルギー（ATP）に変わるわけではない。栄養素がもつエネルギーがどれくらいの割合で、からだが使うエネルギーに変換されるかを示した指数を変換効率という。ヒトでは約三四〜三九％だ。グルコース一モル（一八〇グラム）が完全に燃える（代謝される）と六七九キロカロリーのエネルギーが出る。このうち三分の一強がATPに変わり、残りは熱となる。

スピードを落として酸素を取り入れながらグリコーゲンを「完全燃焼」させる好気的代謝にスイッチが入るのは一〇〇〇メートルを過ぎてからで、時間で二分一〇秒ちょっとの時点だ。つまり、一五五メートルから一〇〇〇メートルの間は筋肉中のグリコーゲンを酸素不足の状態で不完全燃焼させてATPをつくり、これを利用していることになる。この酸素のない「嫌気《けんき》的代謝」から酸素を利用する「好気的代謝」に切り替わると、グリコーゲンは六〇分くらいもつ。

グリコーゲンは、運動選手のように競技前に糖分を計画的にとって十分に筋肉に溜め込んでおけば長くもつが、ふつうはせいぜい六〇分で使い切ってしまう。世界の一流選手の場合、時間で七四分、距離で二万五〇〇〇メートルくらいまでグリコーゲンを代謝燃料として使える。このあとは肝臓に蓄えられたグリコーゲンを動員したりする。グリコーゲンは使い果たすと、これを補給するのに最低二四時間かかる。マラソン選手が途中で「マイドリンク」を給水する理由がわかるだろう。グリコーゲンに代わり、外から即効性の糖分を補給しているのである。マラソン選手がガクッとスピードを落とし、懸命にこらえるときがある。からだ中のグリコーゲンが底をつく頃だ。つまり、二五〜三〇キロメートルあたり。脂肪が代謝燃料となる時点だ。疲れて喘ぐ理由は、脂肪を燃やすために酸素がたくさんいるためだ。脂肪は酸素を多く必要とする代わり、できるATP量も多い。うまく酸素を取り入れることができれば、筋肉組織でATPをよくつくることができるのでスピードはやや上向きになる。体内で糖分が燃えてエネルギーができるとき、脂肪は代謝されない。一方、脂肪が燃えるときは糖は燃えない仕組みになっている。

糖が血液中に増えるとインスリンが分泌《ぶんぴつ》され、糖が細胞内に入っていくのを助ける。インスリンは脂肪を合成するようにはたらき、脂肪が燃えないようにしている。一方、脂肪が燃えるときは、インスリンと拮抗《きっこう》するホルモン（エピネフリン、グルカゴン、コーチゾル）が大いに活躍する。脂肪が分解されてできた脂肪酸からエネルギーがつくられるとき、脂肪酸中の水素がたくさん出てきて、エネルギー産生回路のTCA（トリカルボン酸）サイクル（クエン酸回路）にストップをかける。つまり、糖から代謝された基質はTCAサイクルへ入ることができない。すなわち、糖は燃えない。

成人男性がからだに蓄えたグリコーゲンを使って歩けるのは三十数キロだが、貯蔵した脂肪を消費すれば四百数十倍の長距離を歩くこともできる。

2　エベレスト無酸素登頂

一九七八年、ラインホルト・メスナーはエベレストの無酸素登頂に成功した。この二五年前、イギリス隊が初登頂に成功したとき、登山中に毎分四リットルの酸素を、夜間睡眠中には毎分一リットルの酸素を補給していた。

メスナーの快挙は、登山界はもとより世界中の生理学者を吃驚《びっくり》仰天させた。それは、ヒトはエベレストの高度で、しかも無酸素状態で、からだを動かすこと、知的活動をすることは無理だとされていたからだ。からだが高所に順応しないうちにエベレストの高度に一気に上がることがどんなに悲惨であるか、気球に乗って一時間でその高度に到達したジェイムズ・グレイシャーの弁を借りよう。「大気中酸素濃度が平地の三分の一しかないエベレスト頂上では意識はもうろうとし、視力は低下し物もよく見えず、手足は麻痺してしまう」。一八六二年のことだ。
　酸素濃度の条件だけではない。エベレスト頂上ではマイナス四〇℃以下、強力な紫外線、強い風などの要因も加わる。このメスナーの快挙の裏で、実は生理学者が算出したデータに誤りのあることが後でわかった。誤りは二つあった。一つは山頂の大気圧の推測のまちがい。人はふだん、空気が重いとは感じない。しかし、地球上のあらゆる物体は大気圧という空気の重さを背負っている。空気の重さは単位面積あたりの空気の高さ、密度、そのときの気温により決まる。高く上がれば、からだにかかる空気の柱そのものが短くなるので、からだは軽く感じる。つまり、大気圧は低くなる。このことが、高い所では酸素分圧、すなわち酸素濃度が下がる理由でもある。これにともなって動脈血中の酸素濃度も低くなる（図1－6）。

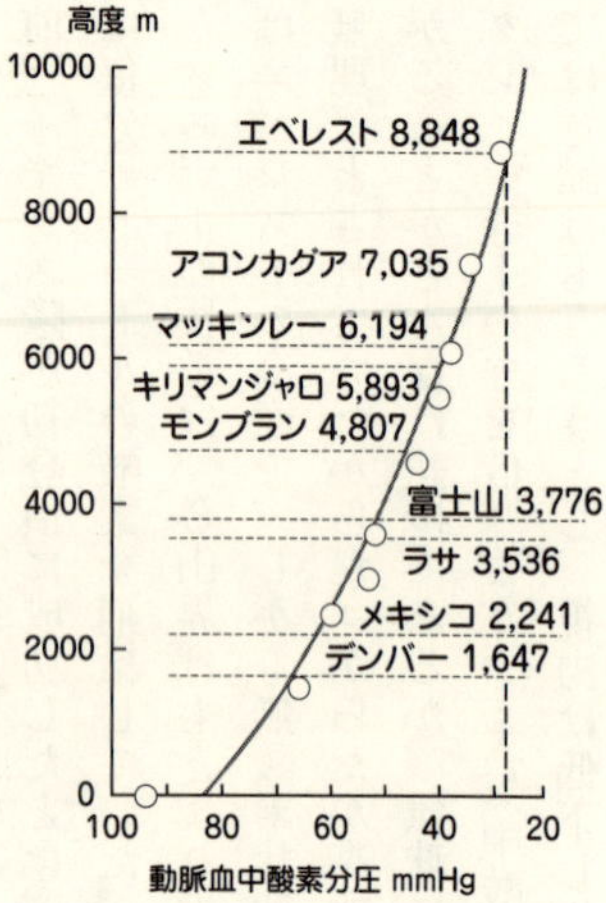

図1－6　高度と動脈血中酸素分圧との関係　高山ほど酸素が薄くなる。エベレストの頂上では平地の約3分の1しか酸素がない。

　海面上には一気圧の空気の重さがはたらいている。これは底面が一平方センチメートルの水銀の柱を七六〇ミリメートルの高さにまで押し上げる力に相当する。気温が高くなれば気体分子の運動が盛んになるから、大気圧は高くなる。高度が一〇〇メートル上がると気温は一℃下がることを勘案して算出したエベレスト頂上の大気圧は、二三六ミリメートル水銀柱だった。この大気圧では、エベレスト頂上に登頂することはヒトでは不可能だと、当初は判断された。

その後、一九八一年にアメリカの医学調査隊が実測したところ、二五三ミリメートル水銀柱だった。これは海面上の三分の一に相当する。富士山（三七七六メートル）では大気圧は三分の二、モンブラン（四八〇七メートル）では二分の一となる。大気圧が高いとそれだけ肺胞へ押しやられる空気も多くなり、この空気の五分の一を占める酸素も肺胞内で多くなる。

二つ目の誤り。山頂における肺胞の酸素分圧を推測しまちがえた。当時、肺胞から吐き出される呼気中の二酸化炭素分圧は、高度に対して直線的な関係で低下することが実証されていた。この関係をエベレスト頂上に当てはめると、肺胞の二酸化炭素分圧は一五ミリメートル水銀柱、酸素分圧は二〇ミリメートル水銀柱となった。これらの計算値はヒトが生存できる限界をかなり下回っている。

ところがその後、高度が増すと呼気中の二酸化炭素分圧が下がるという関係は、高度五五〇〇メートルまでにしか通用しないことがわかった。五五〇〇メートル以上の高さでは呼吸が速く深くなるため、より多くの二酸化炭素が吐き出され、その分、酸素が入り込む「余地」が肺胞にできる。つまり、肺胞酸素濃度が高くなるのである。エベレスト頂上での実測の肺胞酸素分圧はまちがえた推測値の一・七五倍（三五ミリメートル水銀柱）であった（カラー口絵①参照。海面上の酸素分圧は一五九ミリメートル水銀柱）。この値はヒトが生きていけるギリギリの濃度である。

これらの二つの大きな理由から、酸素なしにエベレストに登ることは不可能であろうとの誤解が生じた。しかし、さらにあとがある。その後の研究――一九九〇年、アメリカによるエベレスト登山をシミュレートした低圧室での実験（高所生理研究プロジェクト「Operation Everest II」）――で、エベレスト頂上の吸気酸素分圧は四三ミリメートル水銀柱、安静時肺胞気の酸素および二酸化炭素分圧はそれぞれ三〇ミリメートル水銀柱以下および一〇ミリメートル水銀柱で、ヒトは頂上ではもはや酸素補給なしには生きられないと結論した。エベレスト頂上における動脈血中の酸素分圧は、わたしたちが暮らす平地の三・三～三・四分の一になる。メスナーは世界の八〇〇〇メートル以上の山、一四座をすべて酸素補給なしに極めた特殊な「鳥人」である。

3　高所で暮らす

「空を仰ぐ。天空高く突き上げる頂。雪煙舞う、稜線。急峻な壁に蒼白く輝く氷。神々しい山々。巍然屹立《ぎぜんきつりつ》。眼下に、狂いし巨人が暴れたがごとく爪痕を残す氷河。その割れ目から深淵な暗い闇がどこまでも地底へ続く。気息奄奄《きそくえんえん》。セキと動悸。頭がもうろうとする中、けたたましい金属音と、腹に響く爆発音が意識を現実に引き戻してくれる。落下する岩と氷塊の叫び。手を伸ばせば直《じ》きにピークが手の中に入るのに――。からだが動かない。少しだけ、ほんのわずかな登りでもダメだ。座り込んでしまう。立ち上がる気力もでない。焦点の定まらない意識が眠気を誘う。重いザックを背負いピッケルで支え呼吸を整える。「肩」が息をする。それほど空気が薄い。」

薄い空気を少しでも多く取り込むため、わたしのからだは全身を使って大気を求めていた。胸ばかりか肩まで使って呼吸し、二酸化炭素を多く出して、その分、酸素を呼び込むためだ。酸素濃度は平地の二分の一以下。学生の頃、ヒマラヤの五〇〇〇メートル峰を目指したときのさんざんな体験である。

高い所を旅すると頭痛、吐き気、息苦しさなどがおきるため、洋の東西を問わず、紀元前から高所は神聖で神々しい、人が立ち入ってはならない場所だとされてきた。ヒマラヤとは、雪の神（「ヒマ」）が居る所（「アラヤ」）で、信仰深いインドの民が北方に気高く雪を頂く

図1－7　高地に暮らす　ネパールの山のなかで。1976年3月撮影

峰々を指して呼んだ。高山病が酸素不足でおきることは一八〇〇年代の後半にフランス人のポール・ベールにより明らかにされた。

高地のヒトと動物

もともと高所で生活するヒトや動物がいる。酸素の少ない「低酸素」でも適応できる心肺系の構造と機能をもっている。チベット人やペルー人は心臓、とくに右心室が発達している。低酸素環境では酸素を運ぶ赤血球が増え、血液が粘稠《ねんちょう》になるため肺の細い血管にまで血液を送り込むのに力がいる。そのため肺へ血液を送る右心室が発達するのである。

いわゆる「山酔い」である高山病は、最終的に肺が水浸しになる肺水腫《すいしゅ》を引きおこし、肺で有効な換気ができなくなる。低酸素により肺動脈が収縮し、そこへ粘稠な血液が送られてくるので、血液中の水分がギューッと絞り出され肺胞にあふれてくる。高所に生活、棲息するヒトや動物はこの肺血管の収縮反応が弱い。また、

図1－8　高地に棲息する動物たち

同じ二酸化炭素濃度の刺激でも、わたしたち平地に住む人よりも換気量が大きい。

ボリビアの首都ラパス（三六五八メートル）。山間に四〇万人が住んでいる。低地に高級住宅街、高所にバラックが千門万戸《せんもんばんこ》、密集している。高度が低い居住区は不動産が高い。なぜか。酸素濃度が高所に比べて高いからだ。お金を払って酸素を得ているわけである。

世界では一五〇〇万人が海抜三〇〇〇メートル以上の高高度で生活している。そのうち一〇〇〇万人が三六〇〇メートル以上で暮らしている。五分の四が南米アンデス地域に、五分の一がチベットとその周辺地域に集中している（図1―7）。南米アンデス地域の海抜三六〇〇〜四四〇〇メートルでは農耕民族が、チベットの四〇〇〇〜五二〇〇メートルでは遊牧民族がそれぞれ生活している。ヒトの居住限界高度は四八〇〇～五六〇〇メートルとされており、ヒトが居住するもっとも高い所はアンデス山域にある。アウカンキルチャ山にある鉱山の町で、標高は五三四〇メートルである。

世界でもっとも高い所に棲《す》んでいる動物はナキウサギ、ヤク、アルパカなどである（図1－8）。リスを小さくしたようなナキウサギは広く分布し、チベットでは最高六一〇〇メートルに棲息している。この動物は動脈血酸素分圧が四〇ミリメートル水銀柱以下に相当する高度にも適応できる（平地で健康な人の動脈血中の酸素濃度は九五～一〇〇ミリメートル水銀柱）。ヒトも動物も呼吸する空気中の酸素濃度に相関して、動脈血中の酸素濃度が変わる。それもほぼ同じ値をとる。ナキウサギの適応力がどれほど驚異的であるか、それは人が突然、アラスカのマッキンレー（六一九四メートル）に登ったときの動脈血酸素分圧にも耐えられることを考えればお分かりであろう。患者でこの値を記録すれば、呼吸不全で、すぐにでも人工呼吸の対象となる。ナキウサギはそれほどにまで完全に高所に順応しており、氷河の後退とともに高山や寒冷地に孤立した遺残種と考えられている。

ヤクはヒマラヤ山域、チベットの四〇〇〇メートル以上に棲息する。このほか、ラマ、アルパカはラクダ科の家畜で、南米高地のペルー、ボリビアの三〇〇〇～四〇〇〇メートルに

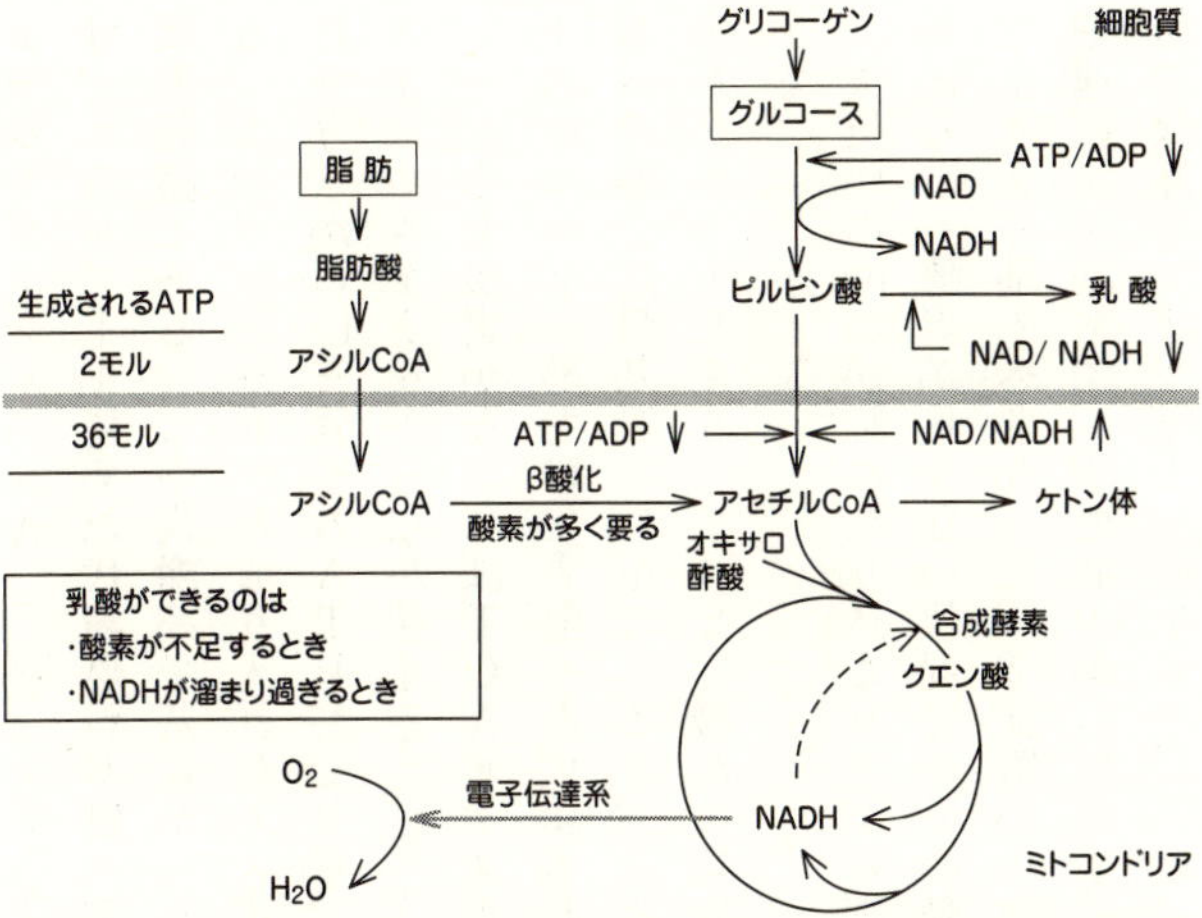

図1－9　細胞内でエネルギーができる仕組み――酸素が必要な理由　下段はエネルギー産生工場のミトコンドリアでの代謝過程。酸素が利用できるとき、そうでないときに比べて18倍もの多くのATPをつくることができる。

棲む。これらの動物でも高山病を発症することはあるが、生態的にも疫学的にもほぼ完全に高地に適応している。

酸素不足でおきるからだの反応

全力疾走中、なぜ酸素が必要であるか、その最大の理由は、酸素があるとエネルギーを効率よくつくることができるからだ。細胞内でエネルギーができる仕組みについて、もう少し具体的に説明しよう。

酸素が十分に行きわたっている状況では、グリコーゲンやグルコースから代謝されたピルビン酸は、ミトコンドリアという「エネルギー産生工場」のなかに移る（図1－9）。そこで、アセチルーコエンザイムＡ（CoA）を経てＴＣＡサイクルに組み込まれる。ＴＣＡサイクルとは、エネルギーを秘めた代謝燃料基質の有機炭素化合物が順繰りに代謝されて循環している代謝経路である。この代謝系で基質から水素が引き抜かれ、補酵素に渡されてＮＡＤＨとなる。この水素を外界から取り入れたガス状の酸素に渡す過程でＡＴＰができていく。ＮＡＤＨ一分子からは三分子のＡＴＰができる。こうしたプロセスを経て、グルコースに内在しているエネルギーをからだが使えるエネルギーに変換する。

そもそも酸素がなければＴＣＡサイクルは回転しない。その場合、グリコーゲンやグルコースはピルビン酸を経て乳酸へと代謝されていく。ＴＣＡサイクルで生成される水素はＮＡＤＨの形で燃料基質から出てくるが、これがあまり溜まりすぎてもＴＣＡサイクルにブレーキがかかってしまう。ピルビン酸から乳酸に至る経路の利点は、ＮＡＤＨを消費できる点である。

大気中の酸素が肺に取り込まれてから細胞内のエネルギー産生に利用されるまでの過程を考えると、酸素が足りない状況でヒトや動物がとりうる対抗策はつぎのようになる。①酸素をより多く肺内へ取り込む、②肺胞から血液中へ多くの酸素を移行させる、③酸素の運搬役や運搬路を増やす、④血液中から効率よく酸素を組織へ取り込む、⑤酸素が不足すれば、嫌気的代謝でエネルギーを産生する、⑥組織でエネルギーの無駄使いをなくす、⑦酸素が不足するとすぐに降参してしまう臓器に血液を分配する、などである。

二酸化炭素を吐き出す

高所に滞在したり少ない酸素で呼吸を強いられるとき、まずおきるのは、呼吸が速くなることだ。自分の意志とは無関係に反射的におきる。この反応は低酸素環境に曝《さら》されて一週間してからおき、二～三週間で通常の呼吸数の五～七倍にもなる。この呼吸が速くなる機構は詳しくは不明であった。頸動脈《けいどうみゃく》に血液中の酸素濃度の感知装置があり、ここから脳へ情報が送られ呼吸を速めるという説明がなされてきたが、実はちがうようだ。

呼吸が速く深くなる、つまり換気量が増えることにより体内に取り込まれる酸素ガスは増える。同時に呼気中へ吐き出される二酸化炭素ガスの量も増える。二酸化炭素はエネルギー基質を「燃やす」ときに発生するガスだ。換気量が増える意義は、むしろ二酸化炭素ガスを排出することにあるといってもよい。それは、二酸化炭素が体内から過剰に排出され、肺のなかの二酸化炭素分圧が下がり、その分、酸素を取り込むスペースが増えるからだ。

海抜ゼロメートルでは四〇ミリメートル水銀柱ある肺内の二酸化炭素分圧は、エベレスト頂上ではなんと一〇ミリメートル水銀柱くらいしかない。これくらいになるまで呼吸を速く深くすることができるのだ。ふつうはこの段階に達する前に脱落してしまう。なぜなら、二

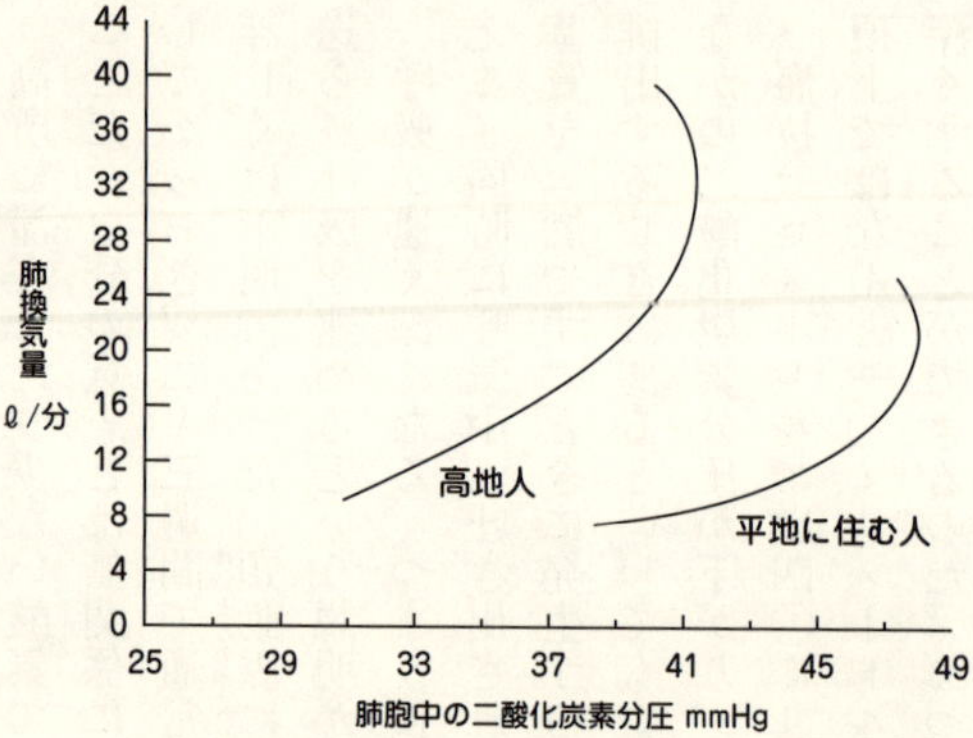

図1－10　高地人は少ない二酸化炭素で呼吸を刺激する　平地人は肺胞中の二酸化炭素分圧が低下すると換気量は下がる。しかし、高地人は肺をよく換気して二酸化炭素をたくさん排出してもなお、呼吸駆動力が盛んである。

酸化炭素が呼吸を促すから、少ない二酸化炭素でなおそれ以上、呼吸を速く深くできないからである。

高所に住む人は、樽のような形をした大きな胸郭をもち、肺容量が大きく換気量を増やすのに適している。おまけに高地人では、同じ二酸化炭素濃度であっても平地に住む人よりも換気量は多く、二酸化炭素濃度が低くても呼吸を増やすことができる（図1－10）。このことがとても特徴的な所見である。二酸化炭素をたくさん吐き出して、その分、酸素の居場所をつくってやる。この事情を知るのに無呼吸症候群がわかりやすい。

無呼吸症候群では寝ているときに舌根《ぜっこん》が沈下し、空気がうまく入らず低酸素状態になる。すると呼吸が速くなる。これにより体内の二酸化炭素がどんどん出ていく。二酸化炭素は呼吸を駆動する大きな因子だから、二酸化炭素濃度が低くなると呼吸が止まってしまう。そして、呼吸中枢を刺激するのに十分な二酸化炭素が溜まるまで、呼吸は停止したままでいる。そうこうしているうちに突然、大きく息を吸って呼吸を再開する。多くの酸素を取り込むためだ。これらを繰り返す。

また、息こらえを我慢できなくなるのは、血液中の酸素濃度が下がるというよりも二酸化炭素濃度が上がるから自然と呼吸を「してしまう」。だから、息こらえの前に呼吸を十二分におこなってあらかじめ二酸化炭素を体内から排出しておくと、息を長く止めていられる。

肺までの遠い道のり

高地人の呼吸の仕方をもう一つ紹介しよう。いま肺胞内に少しでも酸素を入れるスペースをつくることが大切だと言った。たとえば、肺胞のなかはある一定の水蒸気が満ちている。水蒸気圧は高度に関係なく四七ミリメートル水銀柱。だから、大気圧が四七ミリメートル水銀柱の高度では、いくら呼吸しようにも肺内は水蒸気ですでに満たされていて、それ以上少しの空気も入っていかない。この高度は一万九二〇〇メートルだ。この一定した肺胞内水蒸気圧のもとで大気を吸ったとき、誰でも肺胞内の酸素濃度が同じかというと、ちがう。

大気中酸素が鼻や口、肺を経由して血液中に達するまでの過程で、酸素濃度は少しずつ下がっていく。こうした酸素勾配《こうばい》ができるのは、口や鼻から肺胞に至る道のりに物理的な障害

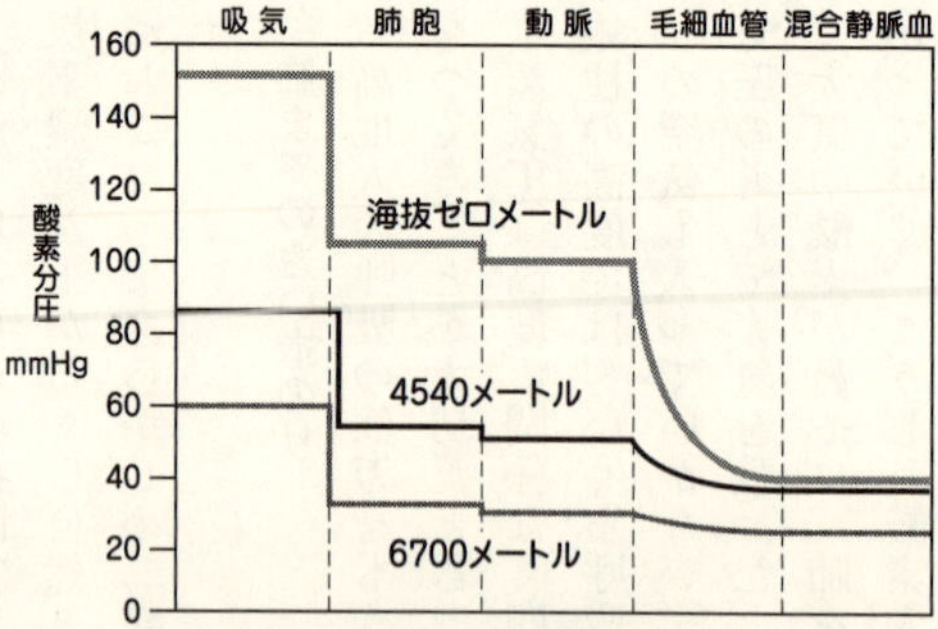

図1－11　有効に酸素を取り入れる　口や鼻から取り込んだ酸素ガスは、肺を経てからだの組織に至る間にだんだんと濃度が薄くなる。高地人（4540および6700メートル）は低圧の高山であっても外呼吸で取り入れた「少ない」酸素を有効に末梢組織まで運ぶことができる。

物があるためと、肺胞中が体内で発生した水蒸気で一定の体積が満たされているためである。それと人によって二酸化炭素を排出できる能力がちがうためである。この酸素勾配を高所および低地に住む人で比較すると、図1－11のように高所住民ではこの勾配がわれわれ低地人に比べて緩い。高地人では少ない酸素を有効に取り入れていることがわかる。

血液をまわす

三億個もの肺胞という「ブドウの房」をぶら下げた肺は四方八方に毛細血管をはりめぐらし、肺胞との間でガス交換をしている。その総面積、三〇〇平方メートルにおよぶ。この肺胞とそこへ流入する血液量とは実に効率のよい仕組みをもっていて、驚くばかりである。ひとつの肺で、ある肺胞内の酸素量が減ると、「自動的に」その肺胞へ続く肺血管が収縮し血流を止めてしまうのだ。浮いた血液は有効に酸素ガスが交換できる肺胞へまわす。ところがこの合理的な機構が、酸素が少ない環境では裏目に出てしまう。

高所で酸素が薄くなると、この機構のため肺血管の、主に内径一〇〇〜二〇〇マイクロメートルの肺小細動脈が収縮する（低酸素性肺血管収縮）。からだの他の血管は拡張しても、肺の血管だけは収縮する。この現象はすべての哺乳《ほにゅう》類でおきる。一〇〇年以上前からこの現象が確認されてきたが、いまだにそのメカニズムは明らかになっていない。その特徴は、①高地住民にもみられる、②高所であっても酸素濃度が十分であればおきない、③片肺や、肺のある部分だけを低酸素で換気しても、その場所だけにおきる、そして、④人種差と個人差がある、ことである。

本来この現象は、換気の良好な領域に血流を増やし、換気の悪い領域には血流を低下させること、すなわち、換気血流不均等分布を改善させることによって、少ない酸素をより有効に利用する合目的な生理反応である。が、しかし「策士策に溺れ」てしまう。

低酸素により肺動脈が収縮しておきる肺高血圧の状態は、下水の管が細くなるとその上流に圧力がかかるのと同じ状況だ。下水管のように弾力がまったくなければ、上流の管では圧力が高くなり、どこかがはじけて下水が漏れてしまう。これと同様のことが高所でもおきる。肺血管から漏れた水分が肺胞を水浸しにする。肺水腫という病態である。しかも、酸素をより多く運搬するため赤血球が増えて血液がネバネバしているから、よけい、上流の流れが悪くなり水分の漏れが多くなる。この結果、漏れた水分が肺胞内にあふれる。肺胞内と毛細血管との間で、酸素ガスが血管内に入り込もうにも、水でおぼれてガス交換がうまくいかない。さらに低酸素状態を加速することになる。ナキウサギは、この肺血管収縮反応がほかの動物よりも弱く、しかも肺動脈の壁がすこぶる薄い。また、多血症や肺高血圧の程度が弱く、浮《ふ》腫《しゅ》をともなうことなく高所の低酸素に完全に適応できている。

屈強の登山家が、ヒマラヤのそれほど高くない山で肺水腫や脳水腫で死亡することがある。それは、この低酸素性肺血管収縮という反応に個人差があることを窺わせる。血管の口径を調節する因子のひとつに一酸化窒素という物質があり、血管の内側を裏打ちする細胞から放出されている。血管の周囲は平滑筋で取り囲まれており、一酸化窒素はこの平滑筋を緩めるはたらきがある。つまり一酸化窒素は、低酸素で肺血管が収縮しすぎないように抑えている。この一酸化窒素はアルギニンから合成酵素によりつくられるのだが、日本人やインド人の高所性肺水腫の患者を調べると、この合成酵素のアミノ酸配列の異常が高頻度に認められる。つまり、一酸化窒素をつくることができない。

第二章

酸素がない所で どうやって生きるのか

湖と草原に遊ぶ　ペルー・ブランカ山群、1979年８月撮影

地球初期、酸素はなかった。三五億年前、生命は深海の酸素のないところで誕生した。初期微生物は口腔《こうくう》も消化管もない。そして、単一の細胞それ自身で生きていた。外から取り入れた「化学栄養物」を酸素なしに、自ら利用できるエネルギー（ATP）にして生きていた。エネルギー源は水素であったり、硫黄であったり、鉄であったりする。これらの物質からほかの物質へと電子を移動させ、このときできるエネルギーを利用してATPをつくっていた。ふだん、ご飯を食べているわたしたちには想像もできない。だが、この生物仕様のエネルギーATPをつくる仕組みはすべての生物に共通している。その種明かしは後まわしにしよう。

海洋中の微生物の死骸や炭素が堆積した海底で生きる細菌がいる。酸素とは無縁な場所だ。堆積物に埋もれながらメタンを生成したり、自らこれを消費したりしている。また、これらのメタン細菌がつくる水素を利用する別の細菌と共同体をつくったりもしている。

土のなかでも、きわめて多くの微生物が酸素なしで活動している。土壌中の小動物の死骸を分解し、植物に窒素を供給する。根粒菌《こんりゅうきん》などの窒素固定細菌も酸素のない所で生きている。

海洋プランクトンに糖を供給する光合成細菌もそうだ。わたしたちの大腸のなかには酸素がほとんどない。ここに棲む細菌は食物の残りカスを腸粘膜細胞が利用できるような形にしてエネルギーを提供している。このように酸素がない所に棲む微生物のなかには、ほかの生物の生命活動を支えているものがいる。

1　酸素がないという意味

鳶《とび》飛んで天に戻《いた》り　魚は淵《ふち》に躍る

酸素を呼吸している生物からすると、酸素がない環境で生きることなど想像もできない。どうやって生きていけるのか不思議だ。試しに水のなかに顔をつけ、息を止めてみよう。数分で耐えられなくなる。この耐えられない息苦しさとは何だろう。酸素呼吸の意味は、外呼吸で取り込んだ酸素を利用してエネルギーをうまくつくることにある。息をこらえるのが苦しいのは、直接的には体内に余分な二酸化炭素が溜まるからだが、本質的にはからだが酸素欠乏でエネルギー不足になるためだ。生物の生死を決定するのは酸素ではなく、エネルギーの供給の有無なのである。

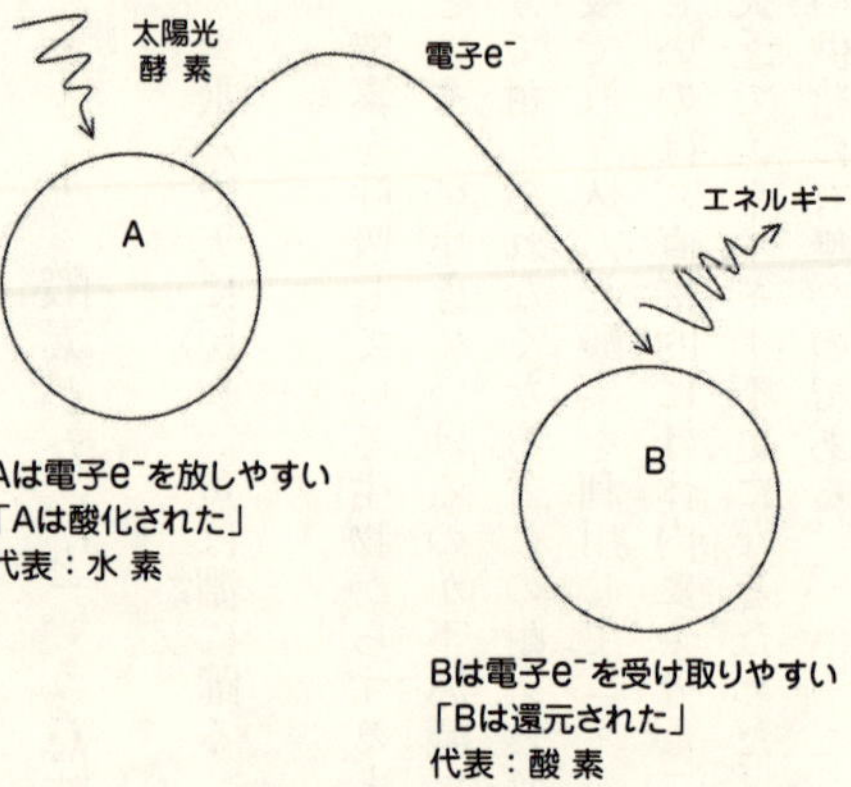

図2－1　物質間を電子が移動する　2つの物質間を電子が移動するとき、酸化還元電位差に応じたエネルギーが発生する。酸素はもっとも電子を受け取りやすい物質で、相手を酸化する力が強い。

呼吸するということ

では、細胞内でエネルギーがつくられるとき酸素が利用されるとは、どういうことなのだろう。エネルギーが発生するのは、ある物質から他の物質へ電子が移動するときだ（図2－1）。ここからしばらく物理の話になる。

単に物質Aと物質Bとを隣り合わせに置いただけでは電子は移動しない。はじめに電子を駆動させる力が物質Aにはたらく必要がある。それは酵素であったり太陽光であったりする。物質Bが最終的に電子を受け取る役をする。酸素呼吸をしている動物においては物質Bが酸素にあたる。電子を投げるのは栄養素中の水素、その電子を受け止めるのが酸素分子。電子の受け手がいなければ電子の移動、すなわち栄養素からエネルギーを引き出すことはできない。

水が高い所から低い所へ流れるように、電子はエネルギー準位の高い所から低い所へと移動していく。電子を受け取るのは、なにも酸素でなくてもよい。ただ酸素はきわめて電子を受け取りやすい性質をもつので、酸素呼吸をする好気性生物にはきわめて好都合である。専門的にいえば、酸素の「酸化還元電位」が電子を放つ物質（水素）のそれよりもかなり高い、ということになる。同じように水素から電子が放出されても電子を受け取る側の求引力が酸素よりも小さければ、それだけ電子の授受の電位差が小さくなり、できるエネルギー量も少ない。

「呼吸」の本当の意味は、右に説明した電子の動きをともなうエネルギーをつくる過程で、電子の最終受容体を「体内」に取り入れることをいう。わたしたちはたまたま酸素を電子の受け手としているから「酸素呼吸」をしていることになり、生物によってはこれが別の物質になることもある。たとえば、硝酸塩や硫酸塩を電子の受容体とする細菌は「硝酸塩呼吸」や、「硫酸塩呼吸」をすることになる。

酸素のない世界

酸素がない所で生きる生物を実際に目にすることはないが、想像するだけでもよく生きているなあと感心する。しかし地球で生命が、あるきっかけで生まれたとき、そこには酸素ガスはなかった。その後もきわめて長い間、気体としての酸素はなかった。初期生命体にとっては考えるすべもなかったが、酸素がなくても何ともなかったのだろうと勝手に想像する。酸素がなかったら困るという発想は、酸素を享受するわたしたちの見方なのだ。わたしたちにしたってふだんは酸素のことを意識して生活などしていない。当たり前だからである。三〇〇〇メートルくらいの山に登ると少しは酸素の有難みを知るだろう。五〇〇〇メートルならもっと感じる。なにしろこの高度は海抜ゼロメートルに比べて酸素が二分の一しかないからだ。

　酸素がない環境は海中、土壌中、高所ばかりではない。わたしたちのからだのなかにもある。それは管状をした臓器の管腔《かんくう》内である。たとえば腸管、生殖器系などの臓器。そこには細菌が棲んでいる。細菌叢《そう》のある一定レベルは酸素を嫌う「嫌気性」菌だ。また、からだの中で酸素を運搬する血管が動脈硬化で狭くなると、その先が酸素不足になる。完全に酸素不足になれば組織は腐り、その組織は機能不全となる。心臓や脳でこれがおきると心筋梗塞《こうそく》や脳梗塞だ。この治療過程で人は酸素の恩恵を初めて知る。酸素とはそんな存在なのである。失って初めてその有難味がわかる。「水を飲みて源を思う」ことはあっても、酸素の有難さをふだん感じない。

　でも、酸素がなくても生きる方法というのを知ってみたい。それなら地球上に初めて生まれた生物に聞いてみるといい。直接、聞くことはできないので、現在なお生きつづけている最初の生物の子孫に聞くしかない。あとは祖先の化学化石を調べたり、当時の模様を再現できる証拠を集めたりして想像するしかない。

三五億年前の世界

ときは三五億年前……。雷鳴とともにときどき激しい雨が降りしきる。とても熱い。圧《お》しつぶされそうにからだが重い。水天髣髴《すいてんほうふつ》。見渡す限り、延々と海が続く。水でなく熱湯だ。ボコボコとガスが湧いている。硫黄の臭《にお》いが鼻をつく。震天動地《しんてんどうち》。はるか向こうで、すさまじい轟音《ごうおん》とともに滝を逆立てたように水蒸気と白いガスが一気に噴出している。火をおびた岩石が飛び散っていく。怖くなるほどの爆発音だ。一瞬かいま見る太陽は痛いくらい眩《まぶ》しい。とても目を開けていられない。当時の大気中の酸素濃度はゼロ、二酸化炭素濃度は現在の一万倍、ほかにメタンガス、一酸化炭素ガス、窒素ガス、そしてアンモニアガスが混在し、一〇気圧、四〇〇℃の世界だ。落雷は現在の一〇〇倍以上。海水温は六〇〜一二〇℃。

海のなかに潜ってみる。至る所で下のほうからガスが気泡をともなって帯状に突き上げてくる。太陽の明かりはもはや届かない。真っ暗闇だ。どんどん潜ってみる。ただでさえ大気圧が高いのに、深く行くとからだがバラバラになりそうだ。煮えくりかえるような熱さ、と

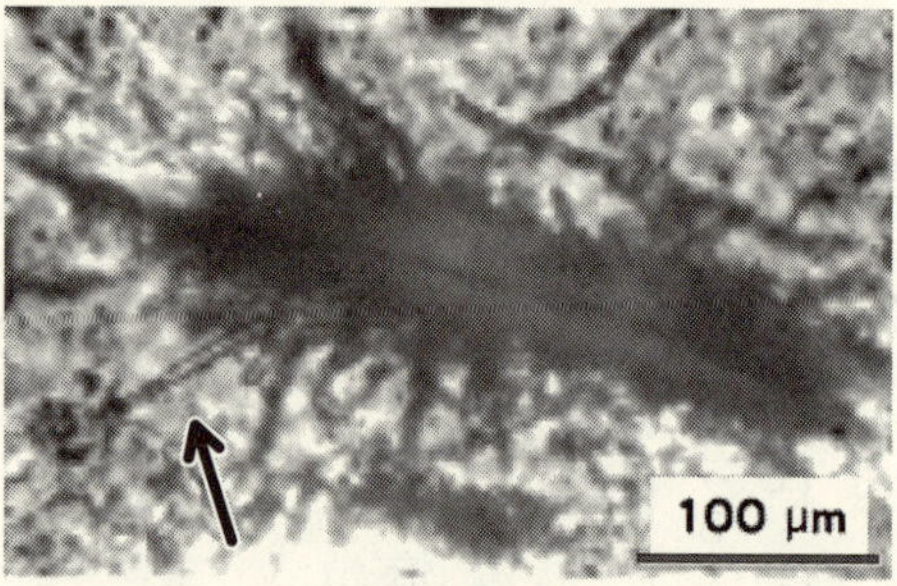

図２－２　生命の誕生　35億年前、微生物が冷えた溶岩を食べながら掘り進んだ跡（矢印、平均して幅４マイクロメートル、長さ50マイクロメートル）。図中央の黒い部分は溶岩の裂け目。南アフリカ（写真は *Science* 304：503, 2004 より引用）。

にかく熱い。一段と熱い所があった。水深二三〇〇メートルの海底だ。黒いガスが噴き出す小さな噴出孔があった。猛烈に熱いお湯が湧いてくる。辺りを顕微鏡レベルにまで拡大してみた。黒耀《こくよう》石だ。表面に数十～数百分の一ミリメートルの細かい穴が無数にあいている。何か動いている。生命はこのような酸素のない熱い海のなかで誕生した。

考古学では化石を手がかりにする。化石が大きければそれ自身が証拠になる。しかし、微生物のように一マイクロメートルの単位の生物の化石を求めるのは至難の業だ。その解析の根本は「有機炭素こそ生命に必須の物質」である。生物は大気中の炭素同位体とちがって、原子量の小さい炭素同位体を選んで体内に取り込む。これを利用して微生物内の炭素を特定していく。堆積物中の炭素と混同し、一時は生命誕生に有力だった説が消えたこともあった。南アフリカの三五億年前の枕状《ちんじょう》溶岩の微細な穴のなかに、微生物が冷えた溶岩を食べながら掘り進んだとする痕跡が二〇〇四年に発見された（図２－２）。熱水が湧き出る海底の微細な穴は、実は初期生命体が堆積岩のなかを這いずりまわった跡だったのだ。

三五億年前の海洋中には二酸化炭素や窒素、水素ガスが溶け、熱水噴出孔の周囲には硫黄と硫酸塩、メタンガスが満ちていた。酸素のない、それも光の届かない海中で、メタン以外の有機物がないときにどうやってエネルギーをつくることができたか、謎解きである。エネルギーとして使えるものは先の海洋中の無機物と、熱水の熱エネルギーだけである。初期生命体はこの熱水のエネルギーを利用したのだ。それと豊富に湧き出る硫黄や硫酸、そして水素などである。これを裏付ける細菌群が見つかった。

2　地下熱水中の細菌群

水素をエネルギー源とする

二〇〇二年、米国アイダホ州の地下二〇〇メートルにある温泉で、未知の微生物の群落が発見された。それらの微生物のＤＮＡ配列を調べると、既知のメタン細菌にきわめて似ている。この細菌集団は、「水素」を消費してメタンをつくっていた。メタン細菌には酸素のない環境で有機炭素化合物、たとえば酢酸を発酵してメタンをつくることもできる。発見された地下の熱水環境は太古の地球のそれを彷彿させる。

発見された細菌の群団は光のまったく届かない所、つまり太陽エネルギーとは無縁で棲息している。彼らの生命活動を支えているエネルギー源は、有機炭素でなく地熱作用で生成する水素であった。すなわち、岩石に含まれる水素と二酸化炭素を組み合わせてエネルギーをつくり、その副産物としてメタンを放出している（$4H_2 + CO_2 \rightarrow 2H_2O + CH_4$）。まったく酸素など関係ない。水素というきわめて単純で、海洋にふんだんにある元素をエネルギー源とする生態系が地中に存在したのである。

このように、初期生命は無機物から化学反応によって栄養分をつくりだすことができる「独立栄養生物」であったと推定される。最初の独立栄養生物は、酸素ガスのない時代に誕生した、熱に強い別の細菌（高度好熱性硫黄依存古細菌）である。水素をエネルギー源（電子の放出源）とし、硫黄で電子を受け止めてエネルギー（ATP）を得ていた。このとき硫化水素が発生する。

水素をエネルギー源とする細菌はほかにもいた（現在も生存しつづけている）。酸素のない環境で水素が放った電子の受け手（化学式で水素と反応する相手）は細菌によってそれぞれちがう。メタン細菌は二酸化炭素を電子受容体としてメタンをつくり、硫酸塩環元細菌は硫酸塩を電子の受け手に硫化水素を、硝酸塩環元細菌は硝酸塩で電子を受け取ってアンモニアを、そして酢酸生成細菌は炭酸塩を電子の受容体として酢酸をそれぞれつくるという具合である。また、鉄酸化細菌は三価鉄（赤サビ）で電子を受け二価鉄（黒サビ）とし、鉄細菌は二価鉄を電子受容体とする。こんなふうに水素をエネルギー源として地球最古の生物が生存していた。先の微生物群の発見はこのことをさらに裏付けることになった。

高熱に耐える

話は小道にそれる。生命が誕生した三五億年前の海水は六〇〜一二〇℃。細胞の活動は蛋白質をつくっては壊し、これを繰り返しながら維持されている。蛋白質はアミノ酸がつながった一本の鎖であるが、四次元構造まである。アミノ酸配列が同じであっても、その三次元構造がちがうと機能はちがってしまう。本来の機能が出現しない。

卵を茹でると固くなる。蛋白質が熱のため変性して構造を変えてしまうのだ。元には戻らない。不思議なことは、熱い海水のなかで初期生物はどうやって蛋白質を保護したかである。現在、熱水噴出孔周辺には多くの生物が生活している。熱水が鉱物や硫化物とともに噴き出す。その温度三五〇℃。熱水に溶けた金属や鉱物が黒い沈澱物を含み、そのため真っ黒い煙となる。噴出孔の周りには粒子が堆積して硬い筒状となって、あたかも煙を吹く煙突のように見える。チムニーだ。そして、細菌の群れが雪のように噴出孔を囲む。小エビやイソギンチャク、カニなども集まってくる。まさに、「水積もりて魚聚《あつ》まる」である。

生物がこれまで繁殖した最高温度は一二一℃。二〇〇三年、米国シアトルの北西沖深海底にある熱水噴出孔で採取した細菌である。この細菌は原始的な古細菌の仲間の「超好熱菌」で、鉄を利用して有機物をつくりだしていた。

高熱に耐える細菌（好熱菌）は高熱でも変性しない蛋白質構造をもっている。蛋白質の設計図、DNAが熱によってダラーンとした単なるヒモにならないための工夫がある。DNAは二本のヒモが「らせん」を形成し互いに絡み合っているが、二本のヒモの間をはしごの段がいくつもかかって橋渡しをしている。ヒトの場合では六〇億個にもなる。その段は四つの塩基の組み合わせ——アデニンとチミン、グアニンとシトシン——からなっている。二つの塩基は互いに水素で結ばれており、アデニンとチミンは二本の水素結合を、グアニンとシトシンは三本の水素結合をつくっている。

当然ながら二本よりも三本の水素結合のほうが熱に対して強い。好熱菌の塩基の組成を調べるとグアニンとシトシンの塩基対が多く、これによって二重らせん構造を安定化しているらしい。また、DNAの二重らせんを強く巻き、ほどけないようにする酵素——ATPで活性化する——をもっている。

栄養を摂る理由

すべての生き物は例外なくエネルギーを摂る。その理由について考えてみよう。直接的には「お腹が空く」、「力が入らない」からであるが、本質はもちろん別にある。

動物、それも陸上や海洋も含めてすべての動物が食べる「物」は、生きていようが、死んでいる生物であろうが、あるいは化学的につくったもの（ヒトならお菓子や飲み物）であろうが、専門的にいえば炭素を含む有機物ということだ。

生き物が生命を宿しているとは、DNAおよびRNAを最低限もつということである。これらのヌクレオチドを絶えずもち、かつ製造しつづけるためには、生物は有機物を体内でつくりつづけるか、間断なく外界から摂取しなければならない。わたしたちは自分の体内で有機物をつくることができない。だから、それを食べて飲んで取り入れる。このような生物を「従属栄養生物」と称する。

従属栄養生物は種類により食餌《しょくじ》の範囲が限定される。魚がイネを食べたり、野菜や陸上動物の肉を食べることはない。逆にライオンが草を食べたり、魚を食べるということもない。ヒトはもっとも食材を自由に選べる。世界の至る所の食餌を四季に限定されずに食べることができる。このことからいつの間にか、ヒトは自分たちだけで食べて生きていける、つまり栄養を他者に依存していることを忘れ、エネルギーは自分でつくることができると錯覚してしまっている。化学的な合成を別にすれば、有機物は植物がつくるコメ、イネ、トウモロコシ、ジャガイモなどから得るしかない。ふだん、わたしたちが口にするご飯やパン、蕎麦などだ。肉しか食べない人は、草食動物の肉を食べることによって有機物を取り入れている。海洋動物は植物性プランクトンがつくる有機物を食餌とする。

不思議に思う点は、初期微生物は味覚もない無機物を、口から食べることなく細胞内に取り入れることで、どうしてエネルギーをつくることができるか、である。生物はすべてエネルギーをつくる方法は共通していると言った。しかし、読者は日常の食事から想像するエネルギーをつくる方法と、初期生命体のそれとがあまりにもかけ離れていることに面食らうだろう。無機物を「食べて」エネルギーをつくる化学独立栄養生物が存在すること自体、不思議である。いよいよこのカラクリを明かしてみよう。

エネルギーをつくることの本質

従属栄養生物でも独立栄養生物でも、水素をエネルギーにするとはどういう意味をもつのだろう。わたしたちは地球上で多くの食材を手に入れることができる。だが、これらを栄養学的に分類すればたったの三種類。糖、脂肪、そして蛋白質である。これを三大栄養素と呼ぶ。蛋白質はからだのなかで一度、アミノ酸に分解されてから別の蛋白質に置き換えられる

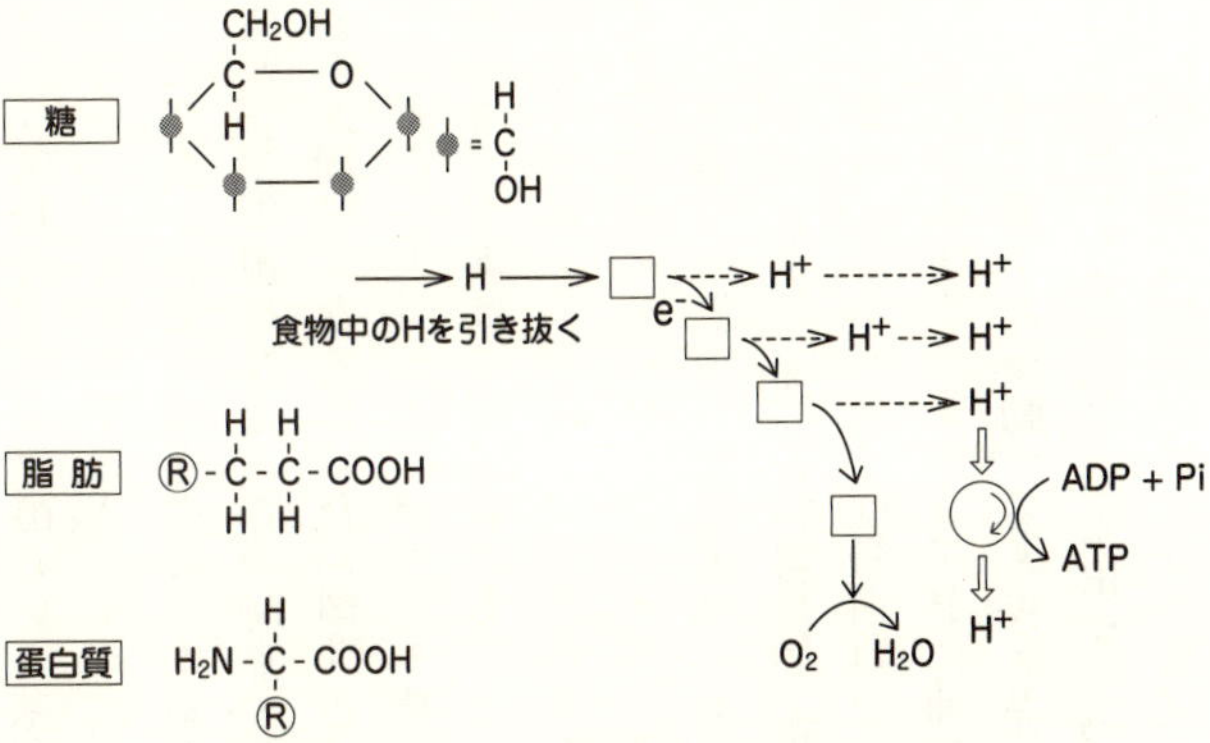

図２－３　食物からエネルギーを取り出す仕組み　食物中に内在する水素（正確には電子）を引き抜き、その電子をミトコンドリア内膜にある蛋白質間に移動させることでエネルギーをつくっている。これをATPに加工する。

が、これらのいずれの栄養素もエネルギーになりうる。

しかし、ご飯や天ぷら、そして卵焼き、刺身など口に入れるものと水素がどうしてエネルギー源として同列なのだろう。それは形や色、味覚、匂い、食感、そして日本人的にいうなら旬の味など、すべてとっぱらってしまえば同じなのだ。まだ、読者は不明かもしれない。「糖が燃える」とは食物中の水素をTCAサイクルで引き出すことだ。動物は口から肛門まで、消化管をもつ。小腸に食物が蠕《ぜん》動《どう》で送られる間に、糖ならグルコース、蛋白質なら一つか二つのアミノ酸、脂肪なら脂肪酸となって消化管から吸収されていく。そして、血液およびリンパ液からそれぞれの栄養素が細胞に輸送されたのち、グルコースを代表とする糖はピルビン酸という基質に代謝され、エネルギー産生工場のミトコンドリアへ入っていく。そこでＴＣＡサイクルという代謝回路に入る。この代謝経路でいくつもの代謝基質に変換されていく途中で、水素が小出しに放たれ、二酸化炭素もできる。この水素こそエネルギーの源になる。この時点でわたしたちが食べる食事とメタン細菌などが取り入れる水素とが同じになるわけだ（図２－３）。

水素はヒドロゲナーゼという酵素によってプロトン（H^+イオン）と電子に分かれる。ここが味噌。水素はこの宇宙でもっとも多い元素で構造がきわめて単純である。原子核に中性子がなくプロトンのみで、その周りを電子一個がまわっている。このプロトンと電子とを使って生物は実に巧みにエネルギー（ＡＴＰ）をつくる。

①水素から放たれた電子は「ある膜」上にある複数の蛋白質の間を移動していく（図２－４）。その一連の蛋白質は、電子を求引する力が次第に強くなるように並んでいる。だから、エネルギーは蛋白質を移動するたびに小出しに発生していく。

②このエネルギーをＡＴＰに捕捉するのに生物は少々入り組んだテクニックを弄する。まず、電子が移動するときに発生するエネルギーを使って、水素の片割れのプロトンを「膜」の外へいったん出す。つまり、膜を挟んで一方が反対側よりもプロトンが多く蓄積されていきプロトンの濃度勾配《こうばい》（電位差）ができる。この「膜」とは細菌であれば細

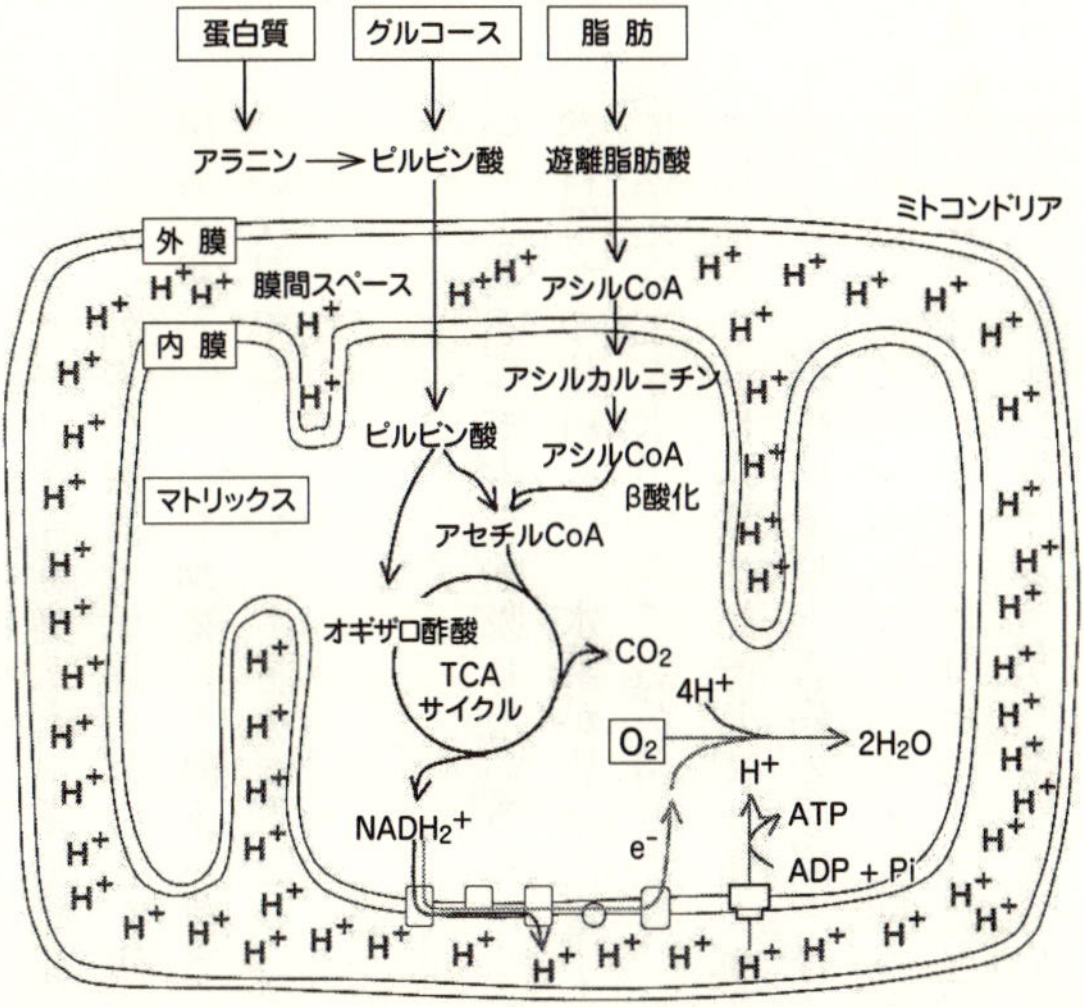

図２－４　ミトコンドリア（エネルギー産生工場）内における代謝経路　ミトコンドリアのマトリックス内に入ったエネルギー基質から電子が抜かれ、最終的に酸素に渡される。この過程で発生したエネルギーをATPで捕捉する。

胞膜、わたしたちならミトコンドリア内膜になる。

③この勾配は次第に強くなり、とうとう「膜」はプロトンの蓄積を支えきれなくなる。一連の蛋白質の列の最後にＡＴＰ合成酵素という「タービン」がついている。「膜」の外に溜まったプロトンがタービンを回しながら一気に「膜」の内側になだれ込む。水力発電と同じ要領でエネルギーが発生し、このエネルギーでもってＡＤＰにリンがくっつく。すなわち、ＡＤＰとリンとが「高エネルギー」で

結合する。生物があらゆる仕事でATPを使うときは、ADPとリンとの間に内蔵されたこの高エネルギーを解放し、その結果、ATPはADPとリンとに分解する。

④蛋白質の列の最後まで伝達されてきた電子は直接、ほかの物質、メタン細菌なら二酸化炭素へ、わたしたち動物だと酸素へ渡される。だから、地球初期の有機炭素が利用できない状況であっても、エネルギーをつくる過程は本質的にはわたしたちと同じなのである。

結局のところ、酸素を呼吸しているわたしたちは燃料電池を体内にもっているようなものだ。燃料電池の仕組みは、水素が放った電子を酸素が受け取る、すなわち、水素が酸素と反応して燃えるとき水ができて熱が発生する。だから水素はエネルギーになるわけだ。

この原理のように水素を燃やしてエネルギーをつくる細菌が身近にいる。胃粘膜に棲みつく細菌で胃炎、消化性潰瘍《かいよう》と胃癌の原因となるヘリコバクター・ピロリ菌だ。ピロリ菌は別の腸内細菌がつくる水素ガスがあると集団をたくさんつくる。ところが、ヒドロゲナーゼが遺伝的に変異しているマウスのピロリ菌だと、野生のマウスに比較して、できる集団数が非常に少ない。ピロリ菌はふつうの腸内細菌がつくる水素をエネルギー源として活動している。

酸素がある場合とない場合

読者は多分、疑問にぶつかっているであろう。第一は、水素を同じようにエネルギー源としても、水素中の電子を酸素に渡す場合とそうでない場合とではつくられるエネルギー量にいかほどの差があるのかという疑問。第二は、生命を維持するには有機炭素が必須と前に記したが、独立栄養生物はエネルギー（ATP）を無機物から確かに合成はできても、どうやって有機炭素をつくりうるのかという疑問。二つともきわめて単純でかつ、重要な問題である。

水素から放出された電子の受け手が二酸化炭素（メタン細菌）の場合と、酸素（水素細菌）の場合とを比較してみよう。これら二つの細菌が等量の水素を使ってエネルギーをどれほどつくるか比べてみる。

$$4H_2 + CO_2 \rightarrow CH_4 + 2H_2O \qquad \Delta G = -31.3 \text{ kcal/mol} \qquad ①$$

$$H_2 + (1/2)O_2 \rightarrow H_2O \qquad \Delta G = -57.2 \text{ kcal/mol} \qquad ②$$

反応式①の意味は、水素が二酸化炭素によって完全に燃えるとき三一・三キロカロリーのエネルギーが発生し、メタン一モルができる。反応式②は、水素が酸素で燃えると水が一モルできると同時に、五七・二キロカロリーのエネルギーが出ることをあらわす。二つの式を比較しやすいように水素の係数を合わせてみるとつぎのようになる。

$4H_2 + CO_2 \rightarrow CH_4 + 2H_2O \quad \Delta G = -31.3\ \mathrm{kcal/mol}$ ①′

$4H_2 + 2O_2 \rightarrow 4H_2O \quad \Delta G = -228.6\ \mathrm{kcal/4mol}$ ②′

このように水素の電子を「だれ」に渡すかにより、生成物がちがうことはもちろんのこと、そのときに発生する熱量がだいぶちがう。酸素を利用したほうがより多くのエネルギーをつくることができることがお分かりであろう。

生物が現在のようにいろいろな機能を備え、それも十分に特化し高度に発達できたのは、エネルギーを十分に使えるようになったという背景がある。それはとりもなおさず、酸素を利用し呼吸してきた歴史と大いに関係している。

自ら糖をつくる

二番目の質問に答えよう。無機物からエネルギーをつくる微生物は、どうやってDNAの基礎となる有機物の糖をつくるのであろうか。細菌は硫化水素、硫黄、アンモニア、亜硝酸塩、水素、鉄などの無機化合物を「栄養素」とし、酸素以外に硝酸塩、亜硝酸、硫酸塩、二酸化炭素などさまざまな化合物を電子の受け手として利用している。そして、できたATPを使って外界（海中および大気中）の二酸化炭素を取り入れて、有機炭素化合物をつくっている。なにやら光合成をおこなう植物と似ている。似ているどころか、二酸化炭素をもっぱら光合成生物が利用する回路（カルビン回路）を使って固定している。つまり、これらの回路と水素（補酵素NADPHの還元力）を用いて二酸化炭素を固定して糖をつくっているのである。

ほかの方法としては還元的TCA回路というのがある。これは酸素下で糖を燃やすときに二酸化炭素が放出される反応がおきるが、この逆の反応により二酸化炭素を固定する方法だ。この反応には電子の放出源（NADH、FADHなど）が必要となる。水素細菌など無機物をエネルギーとし、酸素を電子受容体として二酸化炭素固定をおこなう独立栄養生物が主にこの反応をおこなっている。

3　地球を襲った無酸素事件

生命が誕生した三五億年前から一挙に五億四〇〇〇万年前にワープ。大気中酸素濃度はゼロから一％へ上昇した。当時、生物が一挙に飛躍的に進化した「カンブリア紀の大爆発」によって、現在の多細胞動物のほとんどすべてが出そろった。これ以降、生物は五回にわたり絶滅を繰り返し、そのたびに新たな種が繁栄し、多様性を発揮し、進化を遂げた。「カンブリア紀の大爆発」の直前にも絶滅事件がおきている（ベンド紀－カンブリア紀境界、V／C境界、五億五〇〇〇万年前）から、平均して八五〇〇万年ごとに主な絶滅事件がおきたことになる。

カンブリア紀以降の絶滅事件としては、①オルドビス紀末（四億四〇〇〇万年前）、②デボン紀末（三億七〇〇〇万年前）、③ペルム紀－三畳紀境界（P／T境界、二億五〇〇〇万年前）、④三畳紀末－ジュラ紀境界（二億年前）、⑤白亜紀末－第三紀境界（K／T境界、六五〇〇万年前）などがある。これらのうち、二億五〇〇〇万年前におきた絶滅事件は最大級で、このとき地球は無酸素に襲われた。このほかにも海洋が低酸素状態に見舞われることが二回あった。ジュラ紀のトアルシアン期前期（一億八三〇〇万年前）と白亜紀中期（一億一二〇〇万年前）である。

スーパーアノキシア

地球史上最大の絶滅事件がおきた二億五〇〇〇万年前は、地上にはシダ植物や裸子植物が拡がり、両生類、は虫類のほかに哺乳類型は虫類と呼ばれる動物が陸上を濶歩《かっぽ》し、浅い海には三葉虫やフズリナ、サンゴ、石灰藻、コケムシなど多様化した生物が棲息していた。当時、恐竜の祖先はトカゲのように小さかった。このような環境のなかで最大の絶滅事件がおきた。大気中酸素濃度は二億五〇〇〇万年を境に乱高下を示した。三億年前、空前の記録だった三〇%の酸素濃度が一気に急降下した。推定で、海に棲む生物の九〇%以上の種（最大に見積もって九六%）、陸上に棲息する脊椎《せきつい》動物の七〇%の種、そして陸上の植物種のほとんどが絶滅した。絶滅は数十万年も続き、その結果、属や科の数はことごとく減り、多様性はなくなり、生態系は単純化していった。その状態は三畳紀に入るまで何百万年間も続いた。

酸素欠乏の証拠

木曾川の中流、岐阜県と愛知県の県境。犬山地域の河原にチャート層と呼ぶ赤い地層が露出している。チャートとはシリカを九〇%以上含む細かなガラス質の岩石のことで、プランクトン、なかでも珪質《けいしつ》の殻をもったプランクトンの死骸が三〇〇〇メートルも深い海に堆積してできあがったものである。そのかつての海底が地上に顔を出したのだ。

チャートはいろいろな色を含む。犬山地域のチャートは赤い層と黒い層とが交互に入り組んでいる。赤い色は酸素と鉄分とが反応してできた酸化鉄、つまりサビの色。光合成生物が放出する酸素分子は海洋中に溶け、表層と深海とで海水が循環しているから海水中に鉄があると酸化され、赤色の地層となって堆積していく。黒い色は、鉄が酸素でなく硫黄と結合したときの黄鉄鉱の色だ。一〇〇〇年でわずか二〜四ミリと非常にゆっくりとしたスピードで堆積していった。

黒い地層はペルム紀末から三畳紀前期の二億五〇〇〇万年前に堆積した。チャート層が黒いのは、海底が酸素欠乏状態に陥っていたことを示す何よりの証拠となる。つまり、なんらかの理由で酸素が大気中にも海洋中にも供給されなくなり、還元鉄や、酸化されなかった有機物を多く含む暗色の地層が海底に堆積した。P／T境界の地層以上からはまったく化石が見つからない。ただ例外的にクラライアという帆立貝に似た生物の化石が見つかる。クラライアは泥のなかなど、酸素が少ない環境に適応した生物だ。

この地層ができた場所は、当時の超海洋パンサラサの真ん中にあたり、三〇〇〇メートル以上の深海底である。それが現在、木曾川の中流に出現している。もとの地層は一年間に数センチの速さでプレートとともに移動し、少しずつ日本列島に近づいてきた。やがて日本列島の下にある、別のプレートとの間にできた海溝に潜り込んでいった。このとき、チャートの一部が剝《は》がれて大陸プレートにくっつき、このはりついた部分が犬山地域に露出してきたのである。

黒い層の厚さからわかったことは、なんと二〇〇〇万年もの長い間、海底は無酸素だったことである。ほかの時代におきた低酸素事件は一〇〇万年も続いていないが、P／T境界でおきた「酸素欠乏事件」は二〇〇〇万年も続いた。このため「スーパーアノキシア」という（アノキシアとは無酸素という意味）。全地球的に光合成が抑制され、酸素が海洋と地表に供給されなかったことを物語る。地球を襲う物理的、地質的変化が酸素濃度を決定することを象徴する事件である。地球全体がひとつの生命体というわけだ。

そして、酸素のないP／T境界を辛うじてかいくぐり生き抜いた哺乳類型は虫類から、哺乳類が進化していく。わたしたちの祖先は胆戦心驚《たんせんしんきょう》、低酸素の大災厄を見事に突破したのである。

生きている地球

スーパーアノキシアがなぜ地球を襲ったかについては、火山の爆発、隕石の衝突、海水塩分濃度の変化、寒冷などの候補はあるが確定していない。酸素分子は大気と海洋との間、また海洋の表層と深海とを循環している。ふつうは五〇〇〇メートルの海底にも酸素は行きわたる。その証拠に、鉄に酸素分子が結合してできる赤鉄鉱の赤い粘土が海底に溜まる。海洋表層から深海へ局所的に酸素供給が絶たれることはあるにせよ、全世界的に海水循環を止めることはできない。だから、海水から酸素がなくなるということは、地球全体で酸素が欠乏することを意味する。全球的に酸素を発生する光合成生物に大打撃が加わるようなイベントがおきたにちがいない。太陽光がなんらかの原因で遮断されたか、葉緑体が機能不全に陥ったかのどちらかである。これらの破局的な災厄として隕石の衝突および火山活動が考えられる。

地球は生きている。四六億年前、微惑星の衝突で誕生したこの星は、そのときの熱エネルギーを内部に秘め、いまだにその熱を外へ解放しつづけている。幾多の氷河期はもとより地球が丸ごと凍りついたときでさえ、地中深く数千℃に燃えさかる熱はエネルギーのはけ口を求めてきた。絶えることのない地震や火山噴火はこのためである。

大陸や海底はプレートという一枚の硬い石の上にのり、それが地球全体で何枚もあって、きわめてゆっくりと動いている。地球内部も単なる硬い土と岩の塊でできているかというとそうでない。信じ難いことだが、地球内部のマントルでは岩石が数千万年〜億年単位のはるかに悠久のスケールでもってゆっくりと下降している。

往《ゆく》として復《かえ》らざるなし　天地際《まじ》わるなり

マントルの対流によってマントルは上昇し天へ突き破る（図2－5）。

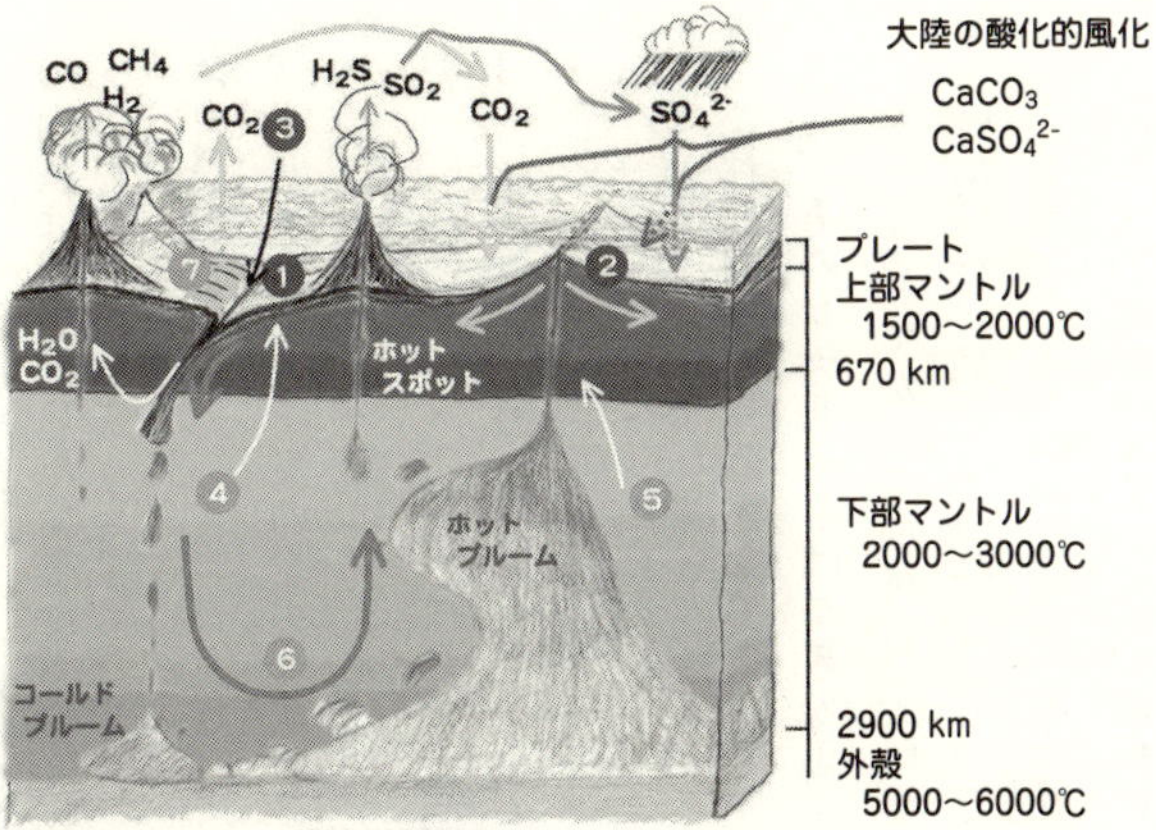

図２－５　地球は生きている　酸素元素は二酸化炭素とともに地球上ばかりでなく、地球内部を含めて循環している。①プレート、②中央海嶺、③海溝、④酸化された地殻とマントル（炭酸カルシウムを含む）、⑤酸化された以前の地殻、⑥上昇するプルーム、⑦炭酸カルシウム。

マントルはプレート下方、地表から六七〇〜二九〇〇キロメートルの深部にまで続き、地球の全体積の八三%も占める。岩が動く対流は地球内部に溜まった熱を発散させるためにおきる現象だ。岩石が深く下降するほどに液状化しマグマとなり、その温度、二〇〇〇〜三〇〇〇℃。鬱滞《うったい》した熱は上部マントルとプレートを破り解放され逃げていく。対流運動をする下部マントルの体積は地球全体の五五%を占める。

地球の芯部《しんぶ》へさらに深く進むと、半径三四〇〇キロメートルの核と呼ばれる球形の構造物となる。おもに鉄、それにニッケルが混ざり高圧で集積している。このうち外側の幅二〇〇〇キロメートルの帯状の外核はドロドロの灼熱《しゃくねつ》の液体を形成し、中心の、半径一三〇〇キロメートルの内核は固形化した金属を溜めている。その温度は六〇〇〇℃にものぼる。

スーパープルーム

スーパーアノキシアのシナリオのひとつ。それは下部マントル内で鬱積した熱エネルギーが上昇流となって一気に突き上げたマグマによる噴火がそもそもの始まりとする説である。

幅一〇〇〇キロメートルにわたる高温の岩石の塊がキノコ状となって一気に上昇したとしたら、滅茶苦茶な勢いでプレートを突き破る超巨大な噴火となったはずである。これが実際に一億二〇〇〇万年前、太平洋の真ん中でおきた。このとき、マグマ中の二酸化炭素が大量にばらまかれ、地球は四〇〇〇万年にもわたり温暖化した。そして、恐竜の繁栄につながった。これと同様の超巨大な噴火がP／T境界におきたと推測されている。

さて、そのシナリオとはつぎのようである。当時、地球はひとつの超大陸パンゲア（パンゲアとは、すべてが一つになった大陸という意味）と、ひとつの超海洋パンサラサだけが存在していた。パンゲアは二億九〇〇〇万年前にできたばかりである。超巨大なマントルの上昇（スーパープルーム）がパンゲアを四分五裂《しぶんごれつ》させ、南・北アメリカとヨーロッパ・アフリカ大陸の間に大西洋ができた。その証拠にアフリカと南アメリカの古い地層が互いに一致し、同じ種類の動物や植物の化石がそれらから出てくる。そして、火山活動で噴出した火山灰は成層圏にまで達し、ダスト・スクリーンとなって数千万年にわたり地球を覆い尽くした。太陽光は完全に遮断されて地表まで届かず、光合成活動は完璧に停滞した。

また、このスーパープルームが西シベリアで噴火し、中央シベリア高原に至る広い範囲にわたって二〇〇万立方キロメートルの溶岩が流出したことを主張する科学者もいる。推定するに、噴火により現在の大気中二酸化炭素の一五倍の炭素量が排出された。これにより地球は温暖化に見舞われた。メタンハイドレート（メタンガスが濃集し固体化した）が溶けて莫大な量のメタンガスが遊離し、さらに温暖化が進んだ。赤道付近で八～九℃、両極付近で二〇～二五℃も上昇したとすら推測されている。

これによって何がもたらされたか。異常な大気温の上昇により海水循環が途絶えた。なぜなら、海洋をかき回す原動力は南極と北極付近の冷たい水が海底に沈み、赤道付近で上昇するからである。海洋は循環してこそ生態系が保たれ、植物性プランクトンがつくる酸素も海中深くまで行きわたる。だが海水温は平均六～七℃も上がり、そのために酸素が海水に溶けにくくなり、海洋は無酸素状態に陥った。あるいは、大量の二酸化炭素をはじめとする有毒ガスが放出され、多くの酸素を呼吸する生物は一種の二酸化炭素中毒になり、史上最大の生物の大量絶滅がおきた。

隕石の衝突

隕石の衝突によって破局を招いた可能性についても追求されている。六五〇〇万年前、K／T境界で恐竜を絶滅に追いやったのと同じ原因である。P／T境界にも隕石の衝突を示唆する報告がある。二〇〇一年、日本、中国、ハンガリーのペルム紀ー三畳紀境界地層から得た炭素分子フラーレン（炭素原子が六〇個、またはそれ以上集まってできた、かご状の炭素分子）を分析したところ、フラーレン分子内のヘリウムやアルゴンなどの希ガスの同位体組成は、地球大気よりも隕石中のガス成分に近いことが判明した。

実際に隕石の衝突を疑わせるクレーターが見つかっている。オーストラリア北西海岸の沖合、ベドウト・ハイには直径二〇〇キロメートルのクレーターがある。二〇〇四年、ここから採取した標本は、大量のガラスを含む角礫《かくれき》岩が存在し、衝突の衝撃で融解した鉱物と推定されている。また二〇〇六年、今度は南極の氷床下に直径約五〇〇キロメートルにおよぶ巨大クレーターがあることが突き止められた。直径五〇キロメートルの隕石が落下し、衝撃で深部のマントル物質が上昇してきた跡と推定されている。

4　酸素を回避する

文字通り酸素を嫌う嫌気性生物は、わたしたち好気性生物とはまったく反対で、酸素がない所で生活する。基本的には酸素があると生育できない（偏性嫌気性細菌）。しかし、なかにはちゃっかり者がいて、酸素があるときはこれを利用し、酸素がなければ無酸素呼吸をする（通性嫌気性細菌）。たとえば、ある細菌を針鉄鉱のそばに置く。ふだんは酸素を電子受容体としているから何とも反応しない。その後、酸素のない所に置いてやる。すると、この細菌が針鉄鉱と強く結合するようになる。それは、細菌の外膜にある鉄還元酵素が針鉄鉱中の鉄を還元し電子を受け取るようになるからである。酸素が不足すると、鉄水素酸化物を用いてエネルギーを蓄積しているのだ。

通性嫌気性細菌のうちには大腸菌のように酸素があるときは呼吸によって、ないときは発酵でエネルギーを獲得するものが多い。

動物の大腸は酸素濃度がきわめて低い。もちろん光も通らず、暗く、発酵ガスと腐敗ガスが漂っている。元素でいうと窒素（六〇〜七〇％）、水素（一〇〜二〇％）、二酸化炭素（一〇％）のほかメタン、アセトン、酸素、硫化水素、アンモニア、アミン、インドール、スカトールなどが含まれている。これらはイモ・豆類などの成分が発酵したり、蛋白質が腐敗したりして発生したガスだ。一見、生物が生きていくには過酷な環境のようだが、原核生物にとってはとくに問題にならない。むしろ、酸素が五ミリモル（水一リットルに一六〇ミリグラムの酸素）を超えて溶存する環境では増殖することができない（偏性嫌気性細菌）。このグループにはクロストリジウム、メタン細菌、硫酸塩還元細菌、大部分の光合成細菌などが含まれる。

なぜ、偏性嫌気性細菌は酸素があると生きられないのか。それは酸素の毒性に抵抗力がないからである。酸素呼吸ではミトコンドリアの電子伝達系で最終的に酸素が電子を受けるとき、伝達系の途中で電子が漏れて不十分な量の電子が伝わり、反応性の高い酸素種ができる。この活性酸素、たとえばスーパーオキサイドや過酸化水素は細胞成分を破壊してしまう。好気性生物ではこれらの酸素種を消去するための酵素であるスーパーオキサイド不均化酵素（SOD）やカタラーゼをもっている。ところが、偏性嫌気性細菌はこれらの酵素をもっていないため生きられないのである。

酸素を排除する

回虫は小腸の酸素の少ない嫌気的な場所で棲息することがある。そこで回虫は酸素をわざわざ回避するシステムを備えている。大気中の酸素は肺に取り込まれ、血液にのって全身の組織に運ばれていく。血液中の赤血球のヘモグロビンが酸素を運んでいる。もっと詳しくいえば、ヘモグロビンを構成するヘムという蛋白質中の鉄に酸素がくっついて血液中を運ばれていく。ヘモグロビンと酸素との親和性はきわめて高いが、心臓から離れた末梢組織では酸素濃度が低いため、ヘモグロビンに構造変化がおき、酸素がヘモグロビンから離れ細胞内外へ浸透していく。

このように、ヘモグロビンは生理学的には酸素運搬体である。しかし見方を変えると、酸素を取り除いて酸素の毒性を中和する作用をもっているとも考えられる。これは発想の転換などでなく回虫がすでにおこなっているシステムなのである。

回虫のミトコンドリアは完全な嫌気的酸化経路をもっている。ほんの少しの酸素があってもきわめて鋭敏に反応し、傷害を受けやすい。そこで回虫はヘモグロビンを使って、その脱酸素酵素のはたらきによって有毒な酸素を取り除き、実際に一酸化窒素により活性化される脱酸素酵素として使っている。組織を酸素の非常に少ない状態に維持しているのである。

同じように酸素スカベンジャーとしてヘモグロビンが機能している例は、マメ科の植物でもみられる（レグヘモグロビン）。光合成生物が生きていくためには必須の栄養素である窒素がなくてはならない。また、光合成生物がつくりだす有機炭素がなければ動物は生きられない。だから、結局、窒素がなければ地球上の生物は生きていけないことになる。

この窒素を光合成生物が利用できる形——窒素固定といって、生物が空気中の窒素ガスをアンモニアに還元する——にできるのは、窒素固定細菌と藍色植物《らんしょく》の二つに限られる。窒素固定はほかに雷の放電によってもおきる。窒素固定細菌——マメ科植物の根に共生する根粒細菌、ハンノキなどの根に共生する放線菌、土や水のなかで生活するアゾトバクター、クロストリジウムなどの細菌類——は窒素固定する際、酸素にきわめて弱い。レグヘモグロビンは酸素と非常によく結合し、根粒中に共生している窒素固定細菌の周りから酸素を取り除き、窒素固定に関わる酵素系が酸素に触れないように守っている。つまり、レグヘモグロビンは酸素を排除しているのである。

第三章

酸素元素は
どこからやってきたのか

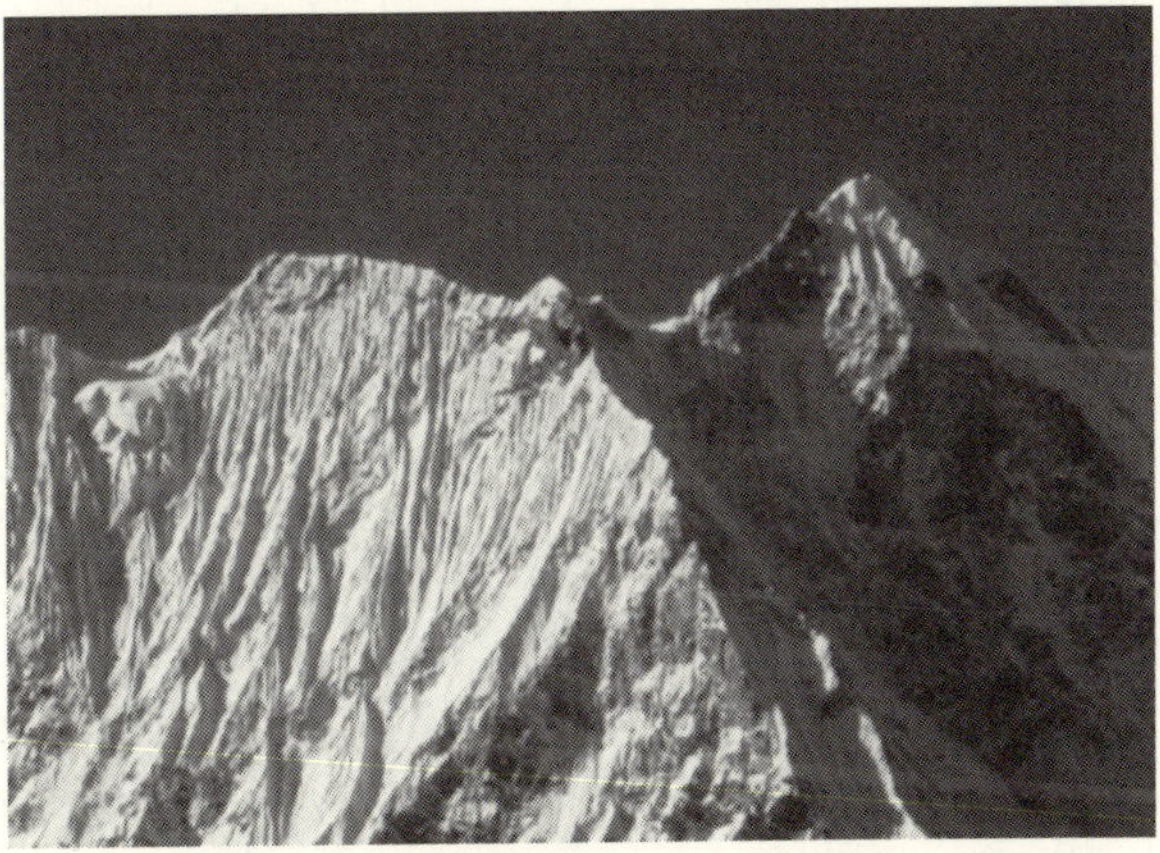

泰然と　朝陽に映えるヒマラヤ襞
ランシサ・リ（6145メートル、ネパール）、1976年４月撮影

地球上に酸素元素がどうやってたどり着いたのか。それを知るには、その発生過程を物理的、化学的に逆にたどるとわかりやすい。わたしたちが呼吸する大気ガスの五分の一は酸素である。この気体分子は、水が太陽エネルギーによって分解されるとき発生する。

1 酸素元素の長い旅

宇宙をつくる元素

地水火風《ちすいかふう》。仏教では人や物はこれら四つの元素（四大）で成り立つ。これらの元素の調和が崩れるとき、人は病気になる。現今、同じ四つの元素でも生命に必須の物質は、炭素、水素、窒素、そして酸素である。

地球表層五〇〇キロメートルを漂い、八〇〇〇メートルもの深海にも溶存する酸素ガス。それらの莫大な酸素ガスはつねに、ふんだんにある海水から光合成生物によって供給されている。水は水素元素二つと酸素元素一つがくっついたものだ。地球上の酸素元素は水以外にも地球上の土、岩石などの無機物や、有機物にたくさん含まれている。もちろん、生体内の組織、代謝基質などにも入っている。

　酸素元素そのものはこの宇宙のどこからやってきたのだろう。現在、数えうる元素は一〇三個。高校生のとき、水素、ヘリウム、リチウム、ベリリウム、ホウ素、炭素、窒素、酸素——と続く元素を原子番号順に覚えた。この順番はなにか意味があるのだろうか。生命が誕生するためには少なくとも先の四つの元素が必要である。

　太古代、これらの元素からなるガスが大気中もしくは海洋中に充満し、雷の放電を契機にアミノ酸ができ、しかも複数につながったらしい。有名なミラーの実験——冥王《めいおう》代（四五億年〜三八億年前）と始生代（三八億年〜二五億年前）の大気組成に対し、稲妻による窒素固定のシミュレーション実験をおこなった——が示す通りだ。あるいは、アミノ酸そのものや生命そのものが隕石に乗って地球に飛来したのかもしれない。実際に地球に降ってきた隕石中に糖が見つかっている。糖のなかにも酸素元素が含まれている。糖はＤＮＡとＲＮＡの基幹部分をつくり、また生命活動を支えるエネルギーの貯蔵庫でもあるから、ひょっとしてほかの天体に生命が存在するかもしれない。いずれにしても酸素元素を探す旅はどうも生命、もっと広く宇宙の成り立ちを知ることにもつながりそうな予感がする。

　そもそもこの宇宙はどんな元素で構成されているのだろう。現在、宇宙全体で水素が七〇

%、ヘリウムが二八%占める。そして、水素、炭素、酸素、鉄が地球に存在する元素の大部分を占め、原子番号が銅をこえるとその量が減る。原子番号が若い元素ほど、宇宙や地球に多いようだ。これにはわけがある。その説明の前に、ある元素の原子をさらに細かく解剖してみよう。

原子は原子核とその周りを回る電子とからなる。原子核はプラスに荷電し、電子はマイナスに荷電していて電気的に釣り合っている。原子核は、いくつかずつの陽子と中性子(これらを核子という)とが結合したもので、わずか一〇〇兆分の一ミリメートルの大きさでしかない。陽子の数が原子番号を、陽子と中性子の数の合計が質量を表す。核子同士は核力という力で結びついている。この核力のおよぶ範囲はかなり狭く、せいぜい原子核の範囲でしかない。しかし、核力のほうが電気的反発力よりも大きい。だから、核子同士が結合し原子核は安定していられる。

軽元素と重元素

しばらく宇宙の話になる。宇宙は膨張している。地球から一メガパーセク——三・二六光年の一〇億倍の距離——も離れた銀河は、この瞬間も毎秒七〇キロメートルの速さで遠ざかっている。光は一秒で三〇万キロメートル進むから、逆算すると一四〇億年前、宇宙は点に収束することになる。一〇〇億℃の高温のもと、一点がはじけ宇宙が拡がりはじめた（ビッグバン）。一〇〇億℃は正確には一〇〇億Kを指す。日常用いる摂氏（℃と記す）は熱膨張率の影響を受けるので、物理で熱を比較するときは物質の種類に左右されない温度を用いる。理想気体の分子や原子がその運動を完全に停止させる温度を絶対零度といい、Kとあらわす。絶対零度は摂氏に換算するとマイナス二七三・一五℃に相当する。本書では温度をあえて摂氏であらわすことにする。

　ビッグバンのとき、さまざまな粒子（陽子、中性子、光子、電子、陽電子、ニュートリノ、反ニュートリノなど）がすでにあったが、原子核はなかった。ビッグバン一秒後、「宇宙初期の軽元素合成」という原子核反応が始まった（水素から始まってホウ素に至る元素を軽元素と呼ぶ。これに対し、炭素およびこれよりも重い元素を重元素という）。そして一分後、宇宙は膨張しつづけるとともにその分、温度と密度が下がっていき、それまでバラバラだった陽子と中性子などの核子が結合しはじめた。そして、いろいろな原子の原子核が生まれた。

　陽子一個と中性子一個から重水素ができた。四個の水素原子核が融合してヘリウム原子核ができた。リチウムも少しできた。宇宙初期の元素の合成はリチウムで止まった。ビッグバン三分後にヘリウム原子核の大半はできあがった。しかし、陽子と電子とは依然としてバラバラで、本当の意味の原子はまだなかった。

そしてビッグバン三八万年後、とうとう、陽子と電子が結合し、初めて水素原子が誕生した。このときの宇宙の温度は四〇〇〇℃。

星のなかでも自らエネルギーを放出し、光を放つ星を恒星という。恒星は主に水素とヘリウムとからなっているが、恒星内で最初に核融合反応をおこすのは水素だ。星の内部でどこまで核融合反応がおきるか、つまりどの元素までつくることができるかは、星の重さで決まる。重い星ほど中心部の温度が高くなるため、より重い元素の反応をおこすことができる。

しかし、いくら重い星であっても鉄よりも重い元素の合成はおきない。なぜなら鉄は核子一個あたりのエネルギーが最も低く、最も安定しているからである。鉄よりも重い元素の反応をおこすためには、外から熱を加えなくてはならない。

酸素元素の誕生

時は経ちビッグバン九〇億年後。今から五〇億年前、宇宙を漂うガスと固体の粒子とが互いに集まり小さな核ができた。次第に大きく成長し岩石となっていった。微惑星の誕生である。一方で宇宙を浮遊する水素原子同士が重合し太陽ができた。太陽は気体でできているのだ（図3－1）。ただ、密度はきわめて高く、一立方センチメートルあたり一〇〇グラム以上と重い部分もある。これに対し、地球の平均密度は一立方センチメートルあたり五・五グラムしかない。太陽の内部でヘリウムが、つぎにリチウムが、ベリリウム、ホウ素、そして炭素が、核融合反応によりできていった。太陽の大きさでは炭素までつくるのがせいぜいだ。それよりも重い元素は別のもっと重い星——太陽よりも一〇倍以上も重い星——で、炭素のつぎの元素、すなわち窒素、酸素、フッ素と順々に鉄まで核反応が進みできていった。こうして宇宙が拡がるにつれ原子の核融合反応が「星」でおき、原子番号の若い順に元素ができあがっていったのである。酸素元素は星のなかでそうやって生まれた。

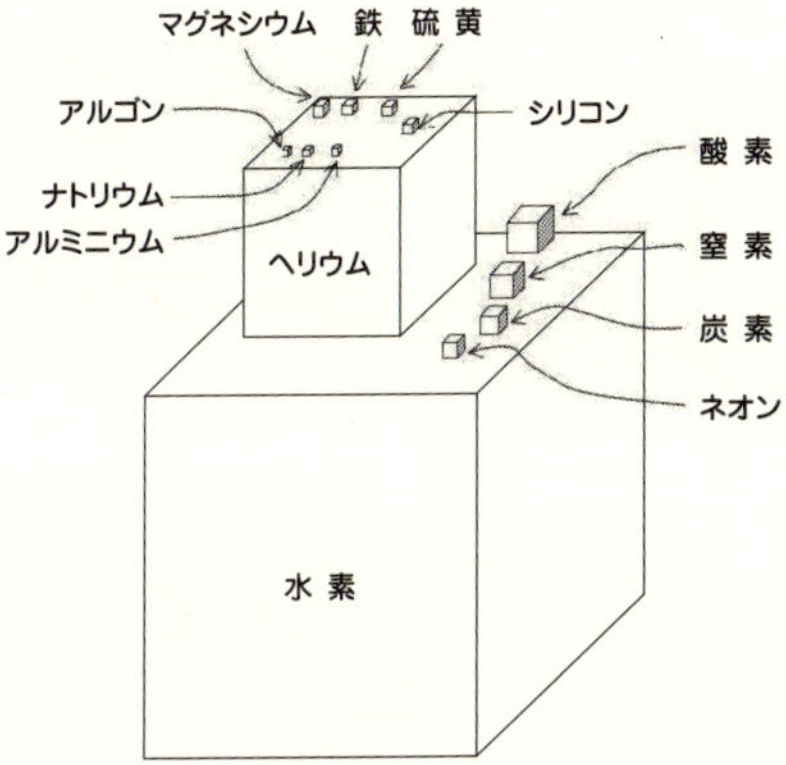

図3－1　太陽を構成する元素とその比率
水素、ヘリウムをあらわす立方体の上にのる元素は星を構成する。

質量の重い元素ほど星の深部へ移動する。だから、星の断面はタマネギを輪切りにしたように元素ごとに分かれる。そして四五億五〇〇〇万年前、微惑星の衝突を繰り返しながら地球が太陽系の惑星として生まれた。

星にも寿命がある。年老いた星は惑星状星雲となり、内部の水素やヘリウムなどを放出する。二〇〇五年、その放出ガスのなかに、二〇〇万℃に熱せられた炭素が出すX線が見つかった。

炭素が星の内部でつくられ、宇宙に散っていくことが初めて直接、確かめられた。

重い恒星の中心部で、鉄がある程度できると大爆発をおこす（超新星爆発）。二〇〇六年秋に見つかった超新星爆発は観測史上最大で、超新星の重さは太陽のなんと一五〇倍。地球から約二億四〇〇〇万光年も離れた銀河のなかで見つかった。この超新星は爆発の七〇日後にその明るさが最大となった。

ふつうは、爆発してから数日ないし数週間後に明るさが最大となる。これによって中心部の鉄以外の部分は宇宙空間に吹き飛ばされる。こうした超新星爆発で酸素および水素元素が地球の内外に飛散し、地球を取り巻き同時に内部にも取り込まれた。この爆発の大きなエネルギーでさらに多くの元素ができていく。

超新星爆発がおこると、中性子星（きわめて高密度の星）ができる途中で非常にたくさんの中性子がつくられる。そのとき、中性子が原子核と反応し、金や銀など鉄よりも重い元素ができるとされている。星のなかで元素を合成していくには数百万年以上かかるのに、重い大きな星が爆発すると元素はせいぜい数十秒でできてしまう。

星や銀河が形成されはじめたのがビッグバン二億年後。だから、太陽よりも重い恒星が酸素元素をつくりだし、それが地球に到達するまで実に九〇億年以上もかかっている。長い長い酸素元素の道のりであった。同時にそれは、地球上で一度たりとも果てることのなかった

図3－2　シアノバクテリアの群体　右：ストロマトライトの断面研磨標本（カナダ、イエローナイフ産）（神奈川県立生命の星・地球博物館）。

生命を支える炭素や水素、そして窒素の旅でもあった。

2　酸素ガスを放出する

酸素ガスや水を構成する酸素元素の出自はわかった。では実際に地球上に気体として酸素ガスはどうやってもたらされたのであろうか。

小さな立役者

西オーストラリア・ピルバラ地域。ここに奇妙な光景が拡がる。あたかも厚みのある敷石にドームが幾重にも重なる、そんな構造物の群体が連なっている。この一メートルほどの「敷石」は直径一マイクロメートルより小さなシアノバクテリアの集落、ストロマトライト化石だ

（図3―2）。ストロマトライトの表面はシアノバクテリアという細菌で覆われ、細菌の出す分泌物によって炭酸塩が岩として堆積している。だから、「敷石」は死んだ細菌と石とが層状に積み重なっている。この細菌こそ水分子から酸素原子を遊離させ、酸素ガスをつくりはじめた張本人。生物史上、特筆すべき非常之功《ひじょうのこう》である。二七億年も前に誕生したこの生物の出現により、やがて酸素を好む「好気性」生物が生まれ、地球の陸上を闊歩する動物群の繁栄につながった。

読者のなかには「えっ」と思う方がいるだろう。水を分解し酸素を発生する主役は植物ではないのかと。その通り。確かに地球上の光合成の半分は植物が担っている。が、しかし、その植物自身、このシアノバクテリアが進化したものなのである。このシアノバクテリアがいなければ、地球上に水はあってもそこから気体の酸素ガスは生まれてこなかった。

シアノバクテリアは地球上でもっとも多い光合成細菌で、一五〇〇種以上もいる。海水一ミリリットル中になんと一〇〇万個以上もいる種類もある。庭先、池、海などどこにでもいて、温泉地などでは青緑色のシアノバクテリアがマット状に厚く堆積し集合しているところもある。温泉に入り、岩を踏んづけたとき、フワッとしたようなヌクッとしたような妙な感じがすることがある、あれがそうだ。この細菌群は海での光合成生産のほぼ半分も担っている。これは全地球の光合成生産量の四分の一にあたる。年間ほぼ一〇〇億トンの炭素を大気中から取り除いていることになる。人が化石燃料（石炭、石油、ガソリン、メタンガス）を消費して排出する炭素の一年分（七一億トン）を優に取り除くことができる。

実はシアノバクテリアより以前に、光合成をおこなう「前任者」がいた。地球上で光合成が始まって直ちに酸素がつくられるようになったわけではない。太陽の光を化学エネルギーに変えるのに使う電子をどの基質から引き出すか、それによって酸素が生成されたり別の分解物ができたりする。太陽光が「水」を分解して電子を遊離させるとき、「たまたま」酸素が発生する。光合成生物が初めて生まれてから水を分解するシステムができるまで、なんと七億年もの長い時間を要した。この時間は、動物が陸上生活をするようになって現在に至るまでの時間よりもはるかに長い。この七億年を遡《さかのぼ》ってみよう。

最初の光合成細菌――紅色細菌

今から三〇億年以上も前である。無機炭素を有機炭素に変換するシステムを備えた光合成生物が誕生した。生物史上、真核生物の誕生とならんで、きわめて画期的な出来事であった。それは単細胞の細菌であるが、この証拠を地層から見出すのはとても難しい。これこそ最古の微化石、生命由来の炭素物質だと喜んでも、それらが火山活動などの熱水作用でできたものと往々にして紛らわしいからだ。最初の光合成細菌がいつ誕生したか、議論が重ねられてきた。

二〇〇四年、南アフリカの三四億一六〇〇万年前のチャート（海底に積もったプランクトンの死骸）から、光合成微生物がつくったと考えられる炭素物質が見つかった。初期微生物の残骸は、開けた浅瀬から深い海にかけて拡がっており、熱水エネルギーの供給とは関係なく堆積していた。その堆積物のなかに光合成細菌が絨毯《じゅうたん》のように積もり、炭素物質の大半をつくっていた。

日米の研究チームによって、最初の光合成細菌は「紅色《こうしょく》細菌」であることが明らかになった。紅色細菌は今でも酸素のない環境で生活しており、太陽エネルギーを使って大量の硫化水素を還元し（硫化水素が硫黄と水素に分解される）、この水素と二酸化炭素とを結合させて有機物をつくっている。沼や湖などでよくみられる、この紅色細菌。悪臭のある硫化水素を酸化するため消臭作用がある。春から夏にかけて、この細菌が大発生すると養豚場の糞尿池から九〇メートルも離れた地点でもほとんど臭いがしなくなる。

酸素を発生させない光合成細菌同士が七億年という気の遠くなるような間に偶然にも遺伝子を組み換え、酸素を発生するシステムをもったシアノバクテリアが誕生した。豊かな太陽光とふんだんな海水とを利用して酸素を放出しはじめたのである。

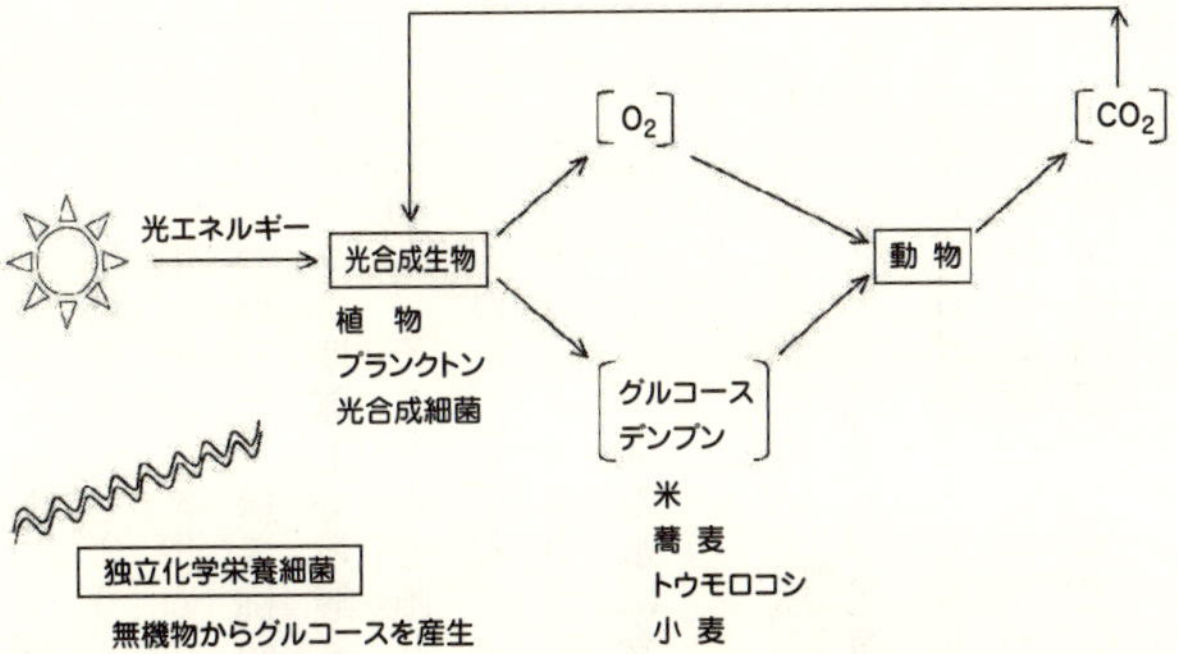

図３－３　太陽を食べる　独立化学栄養生物の細菌を除くと、すべての生物は太陽の光エネルギーに依存している。光合成生物がつくりだす有機炭素こそ生命の材料となる。

太陽に依存する

わたしたちは太陽のエネルギーを「食べている」。ピンとこないかもしれない。わたしたちだけに限らない。ほとんどの生物がそうである。太陽からの光エネルギーは葉緑素により化学エネルギーに変わる。そのエネルギーを使い、光合成生物が二酸化炭素から糖を生成する。糖という有機化合物は生命の根源でもある。光合成生物がつくりだすこの糖を利用して、ほとんどの生物が生きている。だから究極、わたしたちは太陽の光を食べていることになる（図３－３）。では、草などの植物を食べない肉食動物はどうかと疑問をもつだろう。確かに食べないが、植物を食べる草食動物を餌食にしているから同じことだ。二七億年間、地球上で続いてきた千古《せんこ》不易《ふえき》の炭素循環である。同時にそれは地球をめぐる酸素の循環でもある。

話はちょっとそれるが、太陽エネルギーを食べる生物のなかでも、直接、太陽の恩恵を受けている微生物を紹介しよう。

二〇〇〇年、米国ユタ州のグレート・ソルト・レイクの塩の結晶中から、芽胞に包まれた微生物が見つかった。驚き桃の木山椒《さんしょ》の木。その塩の結晶は二億五〇〇〇万年前に埋蔵されたものだった。地球上から酸素ガスが二〇〇〇万年にもわたりなくなった頃の微生物だ。さらに驚天動地《きょうてんどうち》。そこから分離した細菌が二〇%の塩分を含む有機培地で育ったのである。生物が生きつづけた最長記録である。ヒトの血液水分中のナトリウム濃度は〇・九%。コップ一杯一八〇ミリリットルの水に食塩一・六グラムを入れた濃度に相当する。ところが問題の微生物は、コップ一杯の水に食塩をなんと四五グラムも加えた、それこそ塩漬けのなかで息を吹き返した。

この細菌は飽和に近い食塩濃度(〇・二モル以上の食塩濃度)のなかでしか生きられない文字通り「好塩菌」だった。死海などの塩湖や塩田に棲む。微生物の細胞内外の塩濃度差が一〇〇〇倍にも達するような環境に棲んでいる好塩菌もいる(高度好塩菌)。

さて、高度好塩菌はエネルギーを独特の方法でつくる。細胞膜上にバクテリオロドプシンという特殊な蛋白質をもっていて、太陽光に当たると、この蛋白質がはたらきだす。光が当たってバクテリオロドプシンの構造が変わる。すると細胞内のプロトンがこの蛋白質を通過して細胞外へ吐き出される。その結果、細胞膜を挟んでプロトンの濃度勾配ができる。すると、プロトンは細胞膜のプロトン輸送ATP合成酵素を通って今度は細胞内に入る。このとき酸化的リン酸化（酸素を使ってATPができる反応）と同じ機構でATPが合成される。これを光リン酸化反応という。

この過程には電子伝達系がない。このように電子が移動せずにエネルギーをつくる方法は生物のなかでは例外である。太陽の光そのものが直接的に生物のエネルギーになっていることを示すよい例だ。化学的に独立栄養で生きる細菌は太陽光の恩恵を受けない。つくったATPを使って自前で二酸化炭素からやはり糖をつくる。

光合成の二つの反応

光合成によってなぜ、酸素が発生するのか。この種明かしのために光合成の過程を少し詳しく振り返ってみる。光合成は「明反応」と「暗反応」という二つの過程からなる。光合成でもっとも重要な過程は暗反応で、外気の二酸化炭素を還元して糖をつくることだ。明反応は暗反応の前段になる。すなわち、明反応は暗反応をおこすために必要な化学エネルギー（もとは太陽の光エネルギー）と水素（基質を酸化して取り出した水素）とを供給する。

光合成が葉緑体でおこなわれることは一八八一年に実証された。葉緑体の内部のストロマ

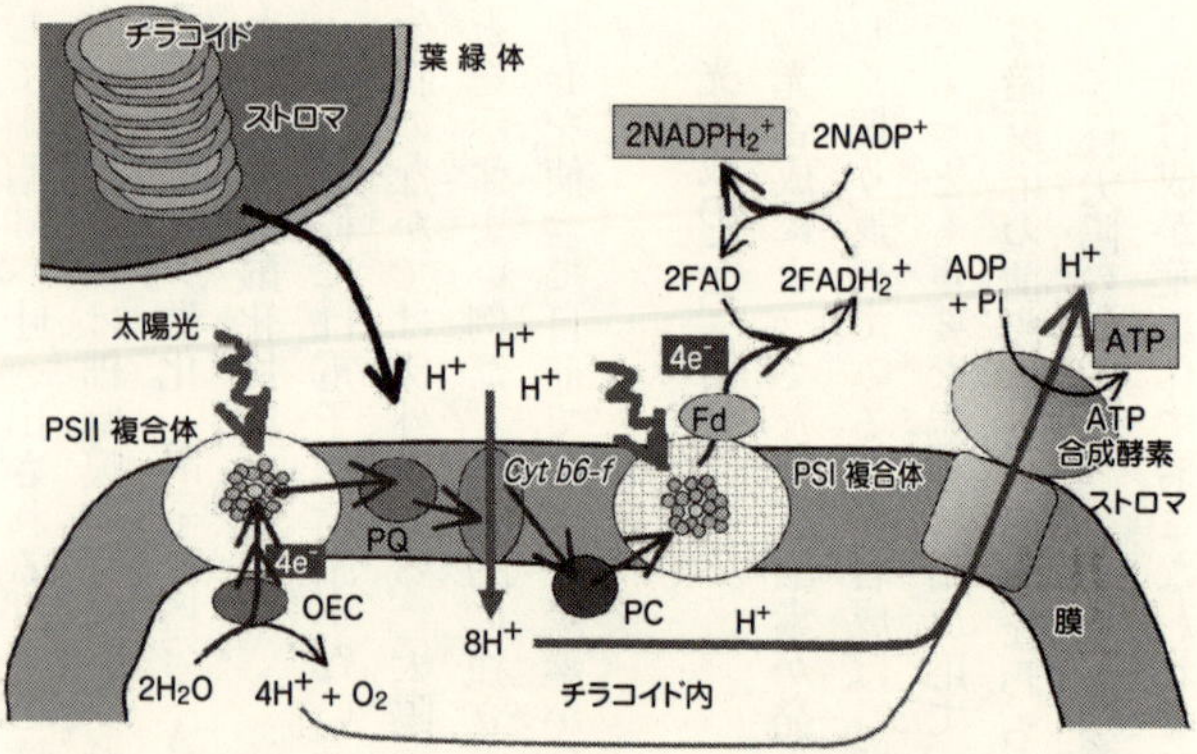

図3－4　光合成（明反応）と光リン酸化の過程　太陽光で水が分解し、放たれた電子はチラコイドの膜上にある蛋白質間を移動する。このとき発生するエネルギーはATPに捕捉される。同時に水素が$NADPH_2$に内蔵される。これらのエネルギーと水素とを使って二酸化炭素から炭素化合物が合成される（暗反応）。

には膜で包まれたチラコイドという構造物がある。光合成では「チラコイド膜」に光化学系IとII（PSI、PSII）という膜蛋白質群が存在する。ミトコンドリアの内膜に連なる電子伝達系の膜蛋白質のようなものだ。光エネルギーはまず、光化学系IIに入る。この光化学系のクロロフィルに光エネルギーが吸収され、電子の励起《れいき》エネルギーとなる（図3－4）。すなわち、このエネルギーを利用して基質、たとえば水から電子が引き出される。この間、約一兆分の一秒。励起した高いエネルギー状態の電子は、バケツリレー式に次々と光化学系IIの蛋白質成分に伝達されていき、最後に光化学系Iに入る。

光化学系Iでも光のエネルギーを受け取

り、最終的に「水素」を合成する。この過程でストロマ内にあるプロトンがチラコイド内に汲み入れられ、膜内外の電気化学的勾配をつくりだす。なにやらミトコンドリアでATPがつくられる前、ミトコンドリア内膜を挟んでプロトンの濃度勾配ができるのと同じ仕組みだ。ただし、光合成の場合、「膜」の内側にプロトンが集められる。この勾配が駆動力となって、エネルギー貯蔵分子であるATPが生産される（明反応）。ここまでの反応、約一万分の一秒。そして、ATPと水素はつぎの暗反応に使われる。

二酸化炭素から糖をつくる暗反応では光エネルギーは必要ない。この反応には一〇以上の酵素が関与し、ルビスコ（リブロース・ビスリン酸カルボキシラーゼ）によって反応が調節されている。ルビスコは葉緑体ストロマ内の酵素の半分、葉緑体蛋白質の一五％も占める。日中の光合成によって吸収された炭素は、葉緑体に一時的にデンプンとして蓄えられ、暗闇のなかでこのデンプンが分解され、植物への炭素供給源となる。もちろん、植物性プランクトンや陸上の植物は有機化合物をほかの生物へ分け与えている。

さて、ここで振り返ってみよう。光合成により酸素ができるというのは、電子供与体が水の場合においてのみであることが、つぎの光合成の全体の式からお分かりになるであろう。

$CO_2 + 2H_2D$（電子供与体）→（CH_2O）$_n$（炭水化物）＋ H_2O ＋ $2D$（酸化された電子供与体）

たまたま発生する酸素

光合成によって酸素ガスが発生する。でも光合成の本当の意義は、生き物に必要不可欠な糖をつくる点にある。デンプンはヒトなど従属栄養生物では合成できない。光合成活動にともなって酸素ガスができることは、あくまでも副次的な「ついで」にすぎない。酸素呼吸をする生物からみると、酸素がなければ生きられないから、酸素の生成こそ光合成のもっとも重要な過程だと考えがちである。酸素があってこそ生物はヒトほどに高度なシステムをもち得たことを解説している。本書も、酸素で燃やすことを前提にしている。だが、糖は酸素よりも優先する。その理由は、糖がなければDNAもRNAもできずに子孫を残せないからだ。酸素は生命の存在そのものを左右しない。

生物的にはそうである。だが、しかし、あえて「しかし」である。酸素がなければ生物は地球初期から海洋中を漂う単なる細菌のままであっただろう。酸素のように地球の表層を覆い、それもある高度まで自由に漂うことができ、だれでもどんな生物でも利用できる最適な電子受容体はこの宇宙にはないであろう。

星がちがえば酸素にとって代わる別の気体分子が登場するかもしれない。だが、この宇宙に電子があって、その電子と電気的に釣り合う陽子をもつ水素がある限り、いや現在の元素が宇宙にある限り、酸素にとって代わるふさわしい電子受容体はほかにないにちがいない。

それは酸化還元電位を水素と比較すればわかる。水素よりも高い酸化還元電位をもつ物質で、しかも気体分子となりうる物質は酸素以外にはない。もし、この法則が覆るようなことがあるとすれば、それはわたしたちの想像をはるかに超えた生物種の世界にちがいない。一時的には電子受容体として酸素以外の物質が支配する時代があるとしても、それは生物が進化していく原則からあくまでも一過性のことである。

太古代の微生物で、水素をエネルギーとして、水素から放たれた電子を二酸化炭素や鉄、硫黄などで捕える細菌がいた。そして、現在でも生きつづけている。だから、もっと正確に、そして逆説的にいえば、酸素以外の物質を「呼吸」して、高度な生物が生きている星はないだろう。その意味で太陽光と水によってわたしたちは生かされているといえよう。光合成の副産物の酸素が生まれたことは偶然でもあり、わたしたちがここ地球に存在する必然でもある。

3　酸素の源——海水

水蒸気から二酸化炭素へ

地球からはるか遠く離れた、太陽の一〇倍以上も大きな恒星でつくられた酸素元素は九〇億年以上の旅を経て地球の内部と表層に降り注いだ。酸素はそれ以外に、すでに水の形として地球に取り込まれていた。地球をつくった微惑星がもともと水を含んでおり、これらの鉱物同士がぶつかりあって地球内部に取り込まれたと考えるのである。超スピードで宇宙空間を流れる微惑星同士が衝突するとどうなるか。運動エネルギーは熱エネルギーに変わるから、微惑星内の水分子は高熱によりガスとして放出される。地球表層の石墨や炭酸塩に含まれる炭素は数百気圧の水蒸気と反応し、二酸化炭素となり地球大気を取り巻く。水蒸気（H_2O）の酸素原子は二酸化炭素（CO_2）の酸素分子となったわけである。

二酸化炭素ガスに覆われた地表の温度は一七〇〇℃。その熱は地下一〇〇〇キロメートルまで溶かし、マグマオーシャンとなった。岩石は溶け、なかの金属鉄は分離し、次第に地球中心部の核へと沈んでいった。金属鉄が大気中の水蒸気と反応すると、水蒸気中の酸素は鉄に奪われ水素に還元される。一方、鉄は酸化鉄となる。酸素原子が鉄と結合し地球内部に閉じこめられた。

大気中には水素気よりも水素が、二酸化炭素よりも一酸化炭素が多くなり、アミノ酸をつくるよい環境となった。生命誕生の背景は少しずつ、しかし確実に進んだ。

いったん、地球奥深く鉄とともに沈んでいった酸素元素は永久に埋蔵されたわけではなかった。おびただしい時間をかけて再び、地球大気に戻った。それは、地球内部で大きな岩の塊が動くことから始まった。その原動力は、地球創生期の莫大な熱エネルギーである。地球内部に秘めた灼熱を発散させるべく、地球表層と深部との間で岩石が蠢《うごめ》き、遅々とした、しかし間断のない対流となっていった。酸化鉄は熱せられ、地球の芯部から表層に向かって突き上げる上昇流とともにプレートをぶち抜き、酸素は火山ガスとして大気中に放出された。

海をもった惑星

話はまた地球初期に戻る。火の玉の地球はその表層を何億年もかけて冷ましていった。マグマオーシャンはマグネシウム、鉄、カルシウムなどの鉱物を晶出しながら温度を下げ、一五〇〇℃で完全に固化し大陸地殻をつくった。四〇億年前だ。このとき、海はなかった。大気温が四〇〇℃くらいに下がると雲が厚さを増し、水蒸気は大量の雨となって地表に降り注いだ。これが水蒸気となり雲を形成し、また雨となり繰り返された。そして、四〇億年〜三八億年前に海ができた。

この地球物理的、気候学的な諸条件によって地球が海を保持できたこと、これが決定的な出来事となって生命を育み、酸素を発生させ、そしてヒトへの進化につなげた。海があった証拠は、約三八億年前の地層から枕状溶岩が発見されたことである。枕状溶岩は玄武岩の溶岩が水のなかに噴出するときにできる。

海は単に雨が大量に降って溜まっただけではできない。水蒸気が液体の水として定着し、惑星が海をもつにはそれこそ運命的とも思える偶然の積み重ねがなければならない。地球だからこそ海がもてた必然がある。

その第一の理由。それは地球の大きさ。正確には地球がそれなりの質量をもっていたことによる。地球の大気中に水分子があるのは、惑星の大きさ（正確には重力）が水分子の熱運動エネルギーよりも大きいからである。火星よりも大きい星でないと大気を長時間にわたり保持できない。火星は質量が地球の一〇分の一しかない。

火星探査機オポチュニティーは火星表面に水があった証拠を見つけたが、現在の火星の環境では水は存在できない。なぜなら、質量が小さく重力が小さすぎて大気を保てず、惑星内部がすぐに冷えてしまい、水分子があったとしても水は凍結してしまうからだ。もともと火星は太陽から遠いので、太陽からの熱が地球の半分も届かない。これを補うためには温室効果——星を取り巻く大気が星のもつ熱を逃がさないようにする——ガスが必要だ。しかし、地球のように星の内部で活発かつ持続的なマントルの活動がないため、火星では二酸化炭素などの温室効果ガスの供給が続かない。星が液体状態の水を地表に保持できるには、質量が地球の一〇分の一よりも大きいことが条件となるのだ。

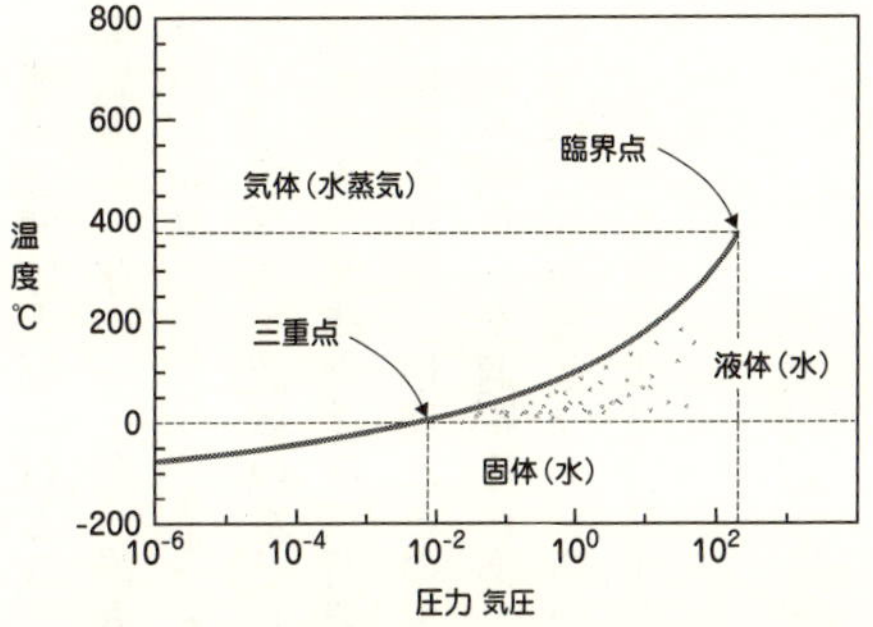

図3－5　水が液体としていられる条件　三重点：0.01℃、0.00604気圧。臨界点：374.1℃、218.17気圧。

地球が海をもてた理由の第二は、地球表層の温度と圧力とが適切であったからだ（図3－5）。大気中の水蒸気が液体の水に変わり、水のまま存在していられる温度は〇・〇一～三七四・一℃の範囲とされている。太陽からの放射熱と地球を取り巻く温室効果ガス——メタンや二酸化炭素など——がどれほどのレベルであるかによって、先の条件の温度を満たすかどうかが決まる。大気中の水蒸気圧がその大気の温度における飽和水蒸気圧より低ければ、液体の水はすべて蒸発してしまう。地球がある一定の大きさで、しかも太陽からの距離が適当であったことが、地球が海をもてた最大の理由である。

地表温度は太陽からどのくらい離れているかにより決まる。金星は太陽に近すぎるため太陽放射が地球の一・九一倍もある。このため、温室効果が大きすぎる。金星の表面は約九〇気圧（九万ヘクトパスカル）の二酸化炭素大気で覆われ、地表温度は四七〇℃にもなる。だから、水蒸気を液体の水として保持できない。

星が水を保持できる至適条件は、太陽からの距離に直すと、金星より遠く火星より近い範囲に限られる。地球ほどの大きさの星はこの宇宙空間に幾多もある。それが、たまたま太陽という恒星と至適距離にあったがために海が存在しえた。地球に生きるすべての生物は、運命をわたしたちと分かちあってきた。生物が海で誕生したこと、海水を分解して酸素ができたこと、これらは偶然以外の何ものでもない。

4　炭素はめぐる

互いに影響する

地球大気中の酸素と二酸化炭素の濃度（正確には分圧）を地球初期から現在までたどってみると、ちょうど「X」字型になる（カラー口絵②参照）。現在のそれぞれのガスの濃度を一とすると、地球誕生時には酸素ガスはゼロ。二七億年以降わずかずつ増えはじめ、途中で飛躍的に濃度を増す時期を二回経て現在の二一％に到達した。一方、二酸化炭素ガスは地球創生期には現在の一万倍以上の濃度があり、それ以降、三回低下する時期を経て現在の〇・〇三％になった。

これら二つのガスの濃度が現在のそれに急速に近づいてきたのは、ここ三億年足らずの間である。この間、海洋および陸上の全生物が絶滅の危機に瀕《ひん》したことが三度あった。そして三回、低酸素に見舞われた。酸素が現在の二一％濃度に落着するまでには長い道のりがあり、二酸化炭素ガスとともに酸素はその濃度を変遷させてきた。そのときの酸素濃度に合わせて生物は適者生存《てきしゃせいぞん》、一度も絶えることなく三五億年間、生命を継承してきた。地球誕生の立役者である微惑星に水がどれほど含まれていたか、また、地球にぶつかる鉱質が二酸化炭素をどのくらい含んでいたかは、大気中酸素濃度を決めるうえできわめて運命的といえるほど重要な要件であった。

二酸化炭素と酸素ガスとが関連しあっているのは先の光合成の話からお分かりであろう。水は分解されて酸素が発生し、二酸化炭素から有機炭素化合物がつくられる。この化学反応は地球上に生物が誕生して以来、後半の七割の歴史で一貫した大原則であった。地球がある限り、このセントラルドグマがくずれることはない。この金科玉条《きんかぎょくじょう》を実践しているのが光合成で、生物が生きていくうえで壮大な地球上のシステムとして作動している（カラー口絵③参照）。光合成は大気中の温室効果ガスである二酸化炭素の量を制御することで気候をも調節している。そして、二酸化炭素は地球表層の温度を決め、水蒸気圧を決め、海水量を決めている。海水は酸素ガスの源であるから、結局は大気中二酸化炭素濃度が酸素濃度に跳ね返ることになる。

炭素と酸素とが互いに関連しあいながら地球全体を循環し、生物はそれらの元素の動きのある通過点を生きているにすぎない。そのうえで生物の営みは崩れることなく延々と続いてきた。海中を自由にのびのびと泳ぎ回る鱧《はも》。水のなかの岩陰を少しだけはね回る海老。考える葦であるヒト。生物はちがってもその一生は同じ地球で始まり、終わっていく。

酸素と二酸化炭素とが互いに関連しあい循環しているというドグマはつぎの事実に拠《よ》って立っている。それは、地球上の炭素と酸素原子のそれぞれの数は、地球初期から現在までずっと変わっていないという点だ。地球が続く限りこれからも変わらない。原始大気中の全水蒸気量は現在の海洋水とほぼ等しく、二酸化炭素量は現在の堆積岩や海底堆積物中の炭素の総量にほぼ等しい。人が鉄鋼業を興して以来、化石燃料を消費して二酸化炭素の排出量は増えつづけている。しかし、地球全体の炭素そのものの量は変わらない。ただ、地球のどこに炭素や酸素が存在するかの違いだけである。

　行き着くところは、炭素と酸素というそれぞれ一定量で変わらぬ牌《パイ》があって、それが水および有機炭素化合物を介して地球という容れ物のなかで行ったり来たりして、大気中酸素ガスの濃度を決定してきた。コップのなかの嵐にあわせて生物は順応、進化し、現在にたどり着いた。天は長く地は久しく、これら二つのガスがこれからもずっと今と変わらずその濃度が続くわけではない。一〇億年の単位でみると変わっていく。わたしたちが生きている現在は、単に一瞬にすぎず、それが未来永劫《みらいえいごう》に続くと錯覚しているにすぎない。

大気、水、土、からだを巡回する

地球の誕生以降、地球大気、海洋のみならず地球表層から深部に至るまで、全生物を巻き込んで炭素は循環してきた。わたしたちのからだをつくる炭素を含め、地球上の全炭素の居場所を探ってみると、それは、①炭酸塩として堆積岩として陸の一部となっている、②堆積物として海底に沈んでいる、③有機炭素となって食物連鎖のなかに組み込まれている、のいずれかである。

　地球上のすべての炭素の九〇％は、①の堆積岩中にある。大気中および海洋中の炭素がカルシウムやマグネシウムと反応して海底に沈み、大陸の一部と化した炭素である。大陸の一部として固着せず、海洋底に積もる炭素②は全体の一〇%にすぎない。海洋中の生物が死に、「運よく」食物連鎖の標的とならずに海底に沈んでいった炭素である。この海底に沈んだ堆積物は、嫌気性細菌によりやがて化石燃料となっていく。人は今日、生物の遺物である化石燃料、つまり石炭や石油などを利用している。それらは再び二酸化炭素となって大気中を漂う。深海には大気中の五〇倍量に相当する三八兆トンもの炭素が蓄積されている。だから、全地球の炭素は陸地と海底に眠ることになる。わたしたちのからだや大気中を漂う炭素はごくわずかにすぎない。

炭素が大気と海洋との間を順繰りに絶えることなくめぐっていられるのは、海洋を漂う植物性プランクトンに負うところが大きい。光合成生物によって有機炭素に変換された化合物がプランクトンや魚の餌となることもあれば、そのまま深海へ運ばれ、細菌によって再び無機物の二酸化炭素に戻される場合もある。炭素化合物が海洋生物の餌となれば、大は小を食らうことでほとんどが二酸化炭素に戻り大気に放出される。最終の収支は大気から深海へと二酸化炭素が輸送され、平均でおよそ一〇〇〇年の間そこにとどまる。光合成生物の植物性プランクトンは、大気と深海との間にある二酸化炭素量の急激な勾配を維持する「生物ポンプ」のいわばエンジンにあたる（カラー口絵③参照）。

あらゆる生物、その種はちがっても「落ちれば同じ谷川の水」。生物は死ねば皆、灰となる。海洋中の出来事だけではない。陸上の生物圏でも食物連鎖の末に強い生物が死に、その死骸を腐食させる微生物がいる。さらに消化する掃除屋もいる。地球全体の二酸化炭素のうち少なからぬ量が、土壌中の植物の根やそこに棲みついた共生菌類、そして細菌による分解によって生成されている。彼らの排泄《はいせつ》物や取り残しの「残飯」は植物を育て、やがて植物は動物に炭素を供給する。これらの過程で、炭素の一部は土中にばらまかれる。風はこれを海洋へ運び、大陸と化す。大陸は雨により削られ、また、雨に溶けた大気中の二酸化炭素が岩を風化し、カルシウムイオンが溶け出す。そして、海洋に運ばれた二酸化炭素と反応して海底に堆積していく。輪廻転生《りんねてんしょう》。花は根に鳥は古巣に帰る。地球に海が誕生してから続いてきたことだ。

炭素循環は陸上と海洋との間ばかりでなく、地球深部をも巻き込んでおこなわれている。海底も含めて地球の大地はプレートという一〇枚くらいの硬い石にのっている。地震や火山活動に関係している。プレートは水平運動し、別のプレートの下に移動していく（図2−5参照）。プレートの継ぎ目から二酸化炭素が炭酸塩として下部のマントル内を下降していく。プレートの継ぎ目の側の湧き出し口から、マントル内の二酸化炭素が出ていくこともある。

地下七〇〇キロメートルを越し三〇〇〇キロメートル近くにわたり地球内部で石や岩の壮大な流れがゆっくりと、わずかずつおきている。これに組み込まれた炭酸塩の塊は、地球の深部へ移動し熱せられ、再び上昇流に乗りマントルを突き破り、そしてプレートを貫いて一気に爆発し、大気中に排出される。硫黄ガス、水蒸気ガス、メタンガスや一酸化炭素ガスとともに二酸化炭素ガスが吐き出される。

わたしたちは、地球の内部でマントルの対流がおきていることを地震でしか身近に感じない。ときに世界中のどこかでおきる火山爆発で知ることもある。でも、このような地質学的、気候学的出来事がなんと炭素の循環に影響し、ひいては大気中酸素濃度にも影響していることなど露知らずである。たとえば、インドネシアの湿地帯。植物の残骸が腐らずに数千年かけて埋もれてできた泥炭地が拡がる。この泥炭の火災により放出される二酸化炭素は一年間で二〇億トン。日本の総排出量の一三億トンをはるかに上回る。その昔、二酸化炭素を吸収し、酸素を放出してきた樹木やコケが、今度は大量の二酸化炭素を排出する側にまわる。その量は、全世界の化石燃料を消費して排出される二酸化炭素の八%にもあたる。地球それ自身が生きていて呼吸しているかのように二酸化炭素を大気へ排出しているのである。

ヒトを含めた生物は二酸化炭素を生産もしくは排出する。光合成生物が二酸化炭素を消費しては有機炭素に変換する。この有機炭素は一時的に生物を通過していくが、また大気中に戻ったり海洋に沈んだりしていく。こうして炭素は大気中から海洋、そして地球深部へとめぐり、また大気へ戻っていく。この炭素の一連のサイクルに、酸素は水を介して関わりをもっている。

二酸化炭素量が地球規模で増えると、生物圏は有機炭素を海底に埋め、隠す。その結果、炭素塩の生成は減り、大気中の二酸化炭素は低下していく。地球の歴史では隕石の衝突、とてつもない大きな火山活動、そして地球初期に大気中二酸化炭素濃度が極端に変化したことなど、地球にとっては思わぬ出来事があった。このようなことは確かにあった。だが、長大な視点で見ると、地球と地球上のすべてが炭素を循環させてきたし、今後も続いていく。そのスパンは人類の歴史五〇〇万年をはるかに超えるものである。このような壮大な流れのたった一点にわたしたちは生きている。

天地は万物の逆旅《げきりょ》にして　光陰は百代《はくたい》の過客《かかく》なり（李白）

第四章

エネルギーをつくるのに酸素はどういう役割をするのか

峠で一休み　大きな氷河を望む　ネパール、1976年 4 月撮影

1　酸素でエネルギーをつくる

エネルギーをつくる三つの方法

昨日のわたしと今日のわたしはちがう。生物が生きるということは、その個体をつくっている一つ一つの細胞が活動しつづけるということだ。細胞の形態を維持し、構成成分をつねに新しく代えつづけなければ、それは死を意味する。どんな生物でも一度つくられた、からだの組織は不変でなく、つねに少しずつ新しいものに代謝されて置き換わっている。体重と身長が同じでも、昨日のわたしと今日のわたしはちがうのだ。

生物は外界の出来事に必ず反応する。たとえば突然の物音、怖いもの、そしてよい匂いなどに接し、それぞれ不安や恐怖、そして心地よさを感じる。実際に見て、聞いて、嗅いだりしなくても想起するだけでも心臓の鼓動は速くなり、嬉しい、悲しい、怒りや涙などの情動の変化がおきる。あなたの息遣い、すべてを見つめていたいと人を駆り立てる。

これらの心の動きにもエネルギーがいる。視床下部の快中枢に、神経線維を伝わってきた電気信号が神経ペプチドを介してはたらく。生物によっては反応しないように見える。それは「寡黙」という反応の仕方をしているにすぎない。すべてエネルギーがいる。ATP（からだが使うエネルギー）によっておこなう仕事が別の仕事を誘い、つねに繰り返されていく。

宇宙の創生から現在、未来において普遍的なこと、それはエネルギーの収支は一定していることである。エネルギーをつくるということは、エネルギーが新しくどこからか湧いてくるということではない。単に別の所、ほかの物質からエネルギーが移動しているにすぎない。

生物がエネルギーを得る方法はつぎの三通りである。①その生物が独立して「一人」で、無機物から化学的にエネルギーを得る（独立栄養）、②太陽エネルギーを光合成により化学エネルギーに換えて得る（光合成）、③光合成生物がつくった有機炭素を摂取し代謝してエネルギーとする（従属栄養）。

この分類の仕方は何を基準にしているかといえば、生物に特有な有機炭素化合物をどうやって体内に取り入れるか、という点である。①と②では、得た化学エネルギーを使って外界の二酸化炭素と水とから有機炭素を合成する。独立栄養は微生物のみがおこなっている。光合成は細菌、藻類、植物がおこなっている。そして、従属栄養は植物以降に進化した動物す

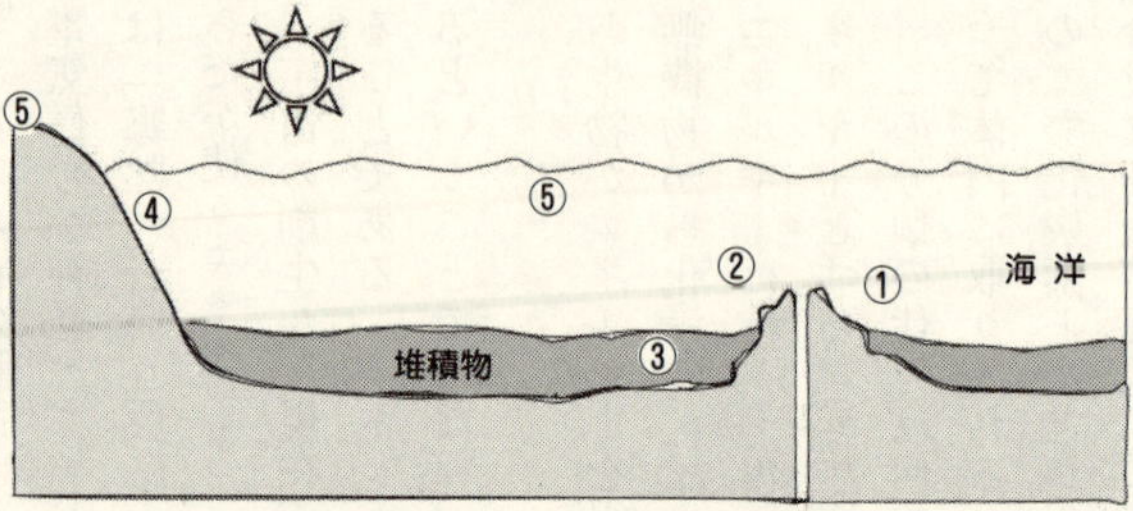

図4－1　初期微生物によるエネルギーの産生方法　図の数字は、そこに棲息していた細菌を示す。
①解糖・発酵
②プロトンポンプの進化→ATP 合成酸素
　膜蛋白質の進化→電子伝達系
③分子状水素を電子供与体、硫黄／硫酸を電子授与体
④光合成の進化（シアノバクテリア）
　光エネルギー→電子（クロロフィル）を励起→電子伝達系→ATP と NADPH を合成
　NADPH で二酸化炭素を還元→グルコースを合成
　水を分解→酸素が発生
⑤好気性呼吸

べてがおこなっている栄養法である。

こうしてみると、独立栄養、光合成、そして従属栄養は生物の進化の過程を如実にあらわしている。初期微生物のエネルギーのつくり方をまとめると図4－1のようになる。進化上は独立栄養が下等で、従属栄養が高等といえても、栄養学的にはそれは当てはまらない。ＡＴＰを合成する原理はまったく同じなのだから。よりシンプルな微生物のほうがかえって高等ではないかとも思える。

ただ、進化上は独立栄養生物、光合成生物、そして従属栄養生物と至るにつれて細胞の数は増え、個体の大きさは増し、何より機能が分化してきた。

機能が最高潮に分化した生物がヒトである。生物の歴史を考えることができるほどに脳機能が発達している。これはエネルギー、つまりATPを効率よくつくることができるようになったことと関係している。「効率よく」とは同じ食材のエネルギー材料であっても、それからATPをたくさんつくることができるという意味である。

独立して

独立化学栄養生物の細菌のなかには、たとえば糖を炭素原子一個しかない二酸化炭素のようなものからすべて合成するものがいる。酸素がない所で生きる細菌群である。深海の、熱水噴出孔や火山からは硫酸塩鉱物が排出され、それを酸化してエネルギーを得ている細菌もいる。彼らが体内でつくった糖からエネルギーを得ようとすると、それは発酵という手段をとる。

この栄養法はきわめてATP産生量が少ない。簡単にいうと糖がもつエネルギー量を十分に引き出すことができないのだ。何に比べてかというと、従属栄養生物、それも酸素を利用する従属栄養生物と比較してである。従属栄養生物で糖から電子が酸素に移動する場合、電子はエネルギー落差の大きい物質間を降下して流れるため、エネルギーがたくさんできる。独立栄養生物の場合と比べて、同じ量の糖であっても酸素があると一八倍も多くエネルギーをつくることができる。ところが、酸素が不足すると食物がもつ自由エネルギーのわずか一八分の一しかＡＴＰに変換することができない。

他者に振る舞う

一方、光合成生物はどうかというと、これはもっぱら糖をつくる供給側である。糖を自らつくり、つくった糖を従属栄養生物に提供する。光合成生物、すなわち、原核生物の光合成細菌およびシアノバクテリア、真核生物の藻類、高等植物はエネルギーを直接、日光から得ている。文字通り「日光を食べる」ことによって食料を直接、合成するのである。光合成によって太陽エネルギー（水素が核融合してヘリウムをつくるときに出るエネルギー）をＡＴＰという化学エネルギーに換え、糖などに蓄えておくのだ。

他者に依存する

「この生物がいなければほかの生物は生きていくことができない」、そんな生物とは、「植物」と植物の死骸から栄養素を吸収する「分解者」の二者である。あらゆる有機生物体や死骸を腐らせ分解し、それらの組織を直接、吸収することでエネルギーを得ている菌類（カビ、キノコ、酵母）も従属栄養生物の一部である。

ヒトや動物は自分の体内でつくることができない炭水化物、必須アミノ酸をほかの動物、植物から摂っている。もっとつきつめれば、植物でしかできない炭素をほかの生物が得、回り回ってヒトが間接的にこの炭素を食べている。

読者は疑問をもつであろう。ゾウの細胞とヒトの細胞とでは同じグルコース量から生まれるATP量はちがうのか、と。好気性生物であれば、それは同じである。先ほど、つぎのように言った。ヒトほどに高度な動物ができたのは酸素のお蔭であり、それはエネルギーを効率よくつくることができるようになったからだと。同じ哺乳動物でもゾウは一年後の自分を想定することはできないが、ヒトはできる。ゾウは字を書くことができないがヒトはできる。このちがいは生物三五億年の進化史からすると、それほど大きなちがいではない。酸素が出現したことで原核細胞が真核細胞に、単細胞が多細胞生物に進化したことに比べたら小さな差にすぎない。光合成細菌が植物へ進化し、陸上へ進出し、引き続いて昆虫が上陸し、魚類から哺乳動物へと進化したことに比べたらほんのわずかな差異である。

「ご飯」からエネルギーを引き出す過程を式であらわすとつぎのようになる。

$$C_6H_{12}O_6 + 6O_2 \rightarrow 6CO_2 + 6H_2O + 36ATP$$

ＡＴＰ一個は七・三キロカロリーのエネルギーをもつ。この反応が細胞内のミトコンドリアでおこなわれる。この式をじっくり眺めると、二つのことに気づく。ひとつは、この式が外呼吸そのものをあらわしていることだ。わたしたちは酸素を吸って、二酸化炭素を吐き出している。

もうひとつ、それはこの式の右辺から左辺の反応が、植物がおこなう光合成をあらわしていることだ。すなわち、太陽の光エネルギーで水を分解し、そのとき葉緑体で励起された電子がいくつもの蛋白質間を移動し化学エネルギーに変わる。このエネルギーを使って植物は、わたしたちが排出した二酸化炭素から糖をつくる。そして、水が分解される過程で酸素ができる。今度は動物がその糖を食べ、それを酸素で燃やしエネルギーをつくる。地球上で酸素ガスが誕生して以来、地球圏で営まれてきた生態系の永遠回帰《えいえんかいき》の大原則だ。酸素がある限り、永遠に変わりはない。

酸化と還元は表裏一体

生命の営みは生体内での物質間の電子移動（電子伝達）により支えられている。宇宙に存在する原子はすべて、核子とその周囲を回る電子とからなっている。原子とそれからなる分子は、安定性をもとめて電子をほかの原子や分子からもらったり放出したりする。

電子が物質A－B間を流れると、そのポテンシャルの差に相当するエネルギーが遊離される。このとき酸化還元反応がおきる（図2－1参照）。酸化還元反応では必ずしも酸素の受け渡しがあるとは限らない。この反応では酸化過程と還元プロセスとが必ず並行しておき、失う側の電子の数と受け取る側の電子の数は一致する。ある系の電子のやり取りで発生する電位は物質の電子の放出しやすさ、受け取りやすさの定量的な尺度となる。これを酸化還元電位という。酸化還元電位が負の物質は電子親和力が水素より低く、電子を与えやすい。酸化還元電位が正の物質は電子親和力が水素より高く、電子を受け取りやすい。

e^- を離しやすい（AH_2）　e^- を受け取りやすい（X）

① $AH_2 + X \rightarrow A + XH_2$

② $XH_2 + B \rightarrow X + BH_2$

③ $BH_2 + \frac{1}{2}O_2 \rightarrow B + H_2O$

④ $AH_2 + \frac{1}{2}O_2 \rightarrow A + H_2O$

e^- の受け取りやすさ：$X < B < O_2$

図4－2　電子を求引する酸素　物質によって電子を放したり受け取ったりする力がちがう。①のXよりも②のBが、さらにBよりも③の酸素のほうが、電子を受け取りやすい。こうして順々に電子が物質間を移動していき、最終的に酸素がその受容体となる。

Aから B に電子が移動するとき、Aは電子を失い「酸化された」ことになる（図4－2）。

「酸化」を「燃焼」と呼ぶことがある。火が出て燃える現象は、化学的には燃焼物から電子が酸素に求引されていることを示す。現在の大気中酸素濃度が少しでも高いと山火事が増え、有機体は燃え尽きてしまう。大気は酸素と窒素が二一対七九の割合で混ざり合っている。ロウソクの火を窒素ガスのなかに入れるとすぐ消えてしまう。酸素がないから火が消えるのであるが、これは窒素には相手から電子を奪う性質がないため、酸化、つまり物を燃やすことができないからだ。窒素はこのように不活性なため、酸素を適当な活性状態にまで薄めるのにもっとも都合がよい。Aは電子をほかに与えやすい性質をもち「還元力が強い」ということになる。Aの代表はグルコースなどの食物や水素である。差しあたり、ライオンなら肉、キリンなら草、細菌なら無機物。そして、ヒトでは世界中のあらゆる食材ということになる。

ただし、生物は食物を直接、酸化しない。たくさんの代謝を経て食物から水素を取り出しNADHの形で蓄え、これを利用してエネルギーを取り出す（図2－3参照）。つまり、Aの究極は水素ということになる。とくに真核生物ではエネルギーを取り出す装置が細胞のなかのミトコンドリアにあって、食物から取り出された水素中の電子はミトコンドリア内膜に送り込まれ、そこで電子の流れによってエネルギーが遊離される。水素は電子のよい供給源、つまり電子供与体である。

一方、Bは電子を受け取って（電子を付加されて）「還元される」。Bは電子に対する強い親和力（高い求電子性）があり、酸化力が強い。Bの代表は酸素だ。酸素を嫌う細菌の場合はBとして酸素の代わりに別の物質を使う。だから酸素がなくてもエネルギーをつくって生きていける。ただこの場合、AとBとの「落差」は酸素呼吸に比べて小さい。結局、AはBに対して高いポテンシャルをもっていて、BはAよりもエネルギー準位が低い。電子の授受のされ方はAとBの絶対的なものでなく、たがいに反応する相手によって電子の供与と受容とが入れ替わることがある。

ノーベル賞に輝くATP合成酵素

海水のナトリウム濃度が現在のように高くなったのは七億五〇〇〇万年前である。当時の大気中酸素濃度は現在の一〇〇分の一もなかった。この頃はまだまだ、地球上の生物の生活の主体は海洋で、藻類の仲間、カビ・キノコの仲間が海中で繁栄していた。

生物は細胞の外から入り込んでくるナトリウムを汲み出すため、細胞膜にナトリウムポンプを備えた。ナトリウムを細胞外へ排出する代わりに、等価の陽イオンであるカリウムを細胞内へ取り入れたのである。このポンプを回すには当然、エネルギーが必要だ。ATPを消費しつつポンプを回す仕組みをもったのである。ATP中のリン酸結合が分解するときに発するエネルギーを使って、ポンプを回す。

では逆の回転、たとえばプロトンが細胞外から細胞内に入り込んだら、ポンプの回転は反対向きになってATPが分解される代わりに合成されるのではないだろうか（図4－3）。

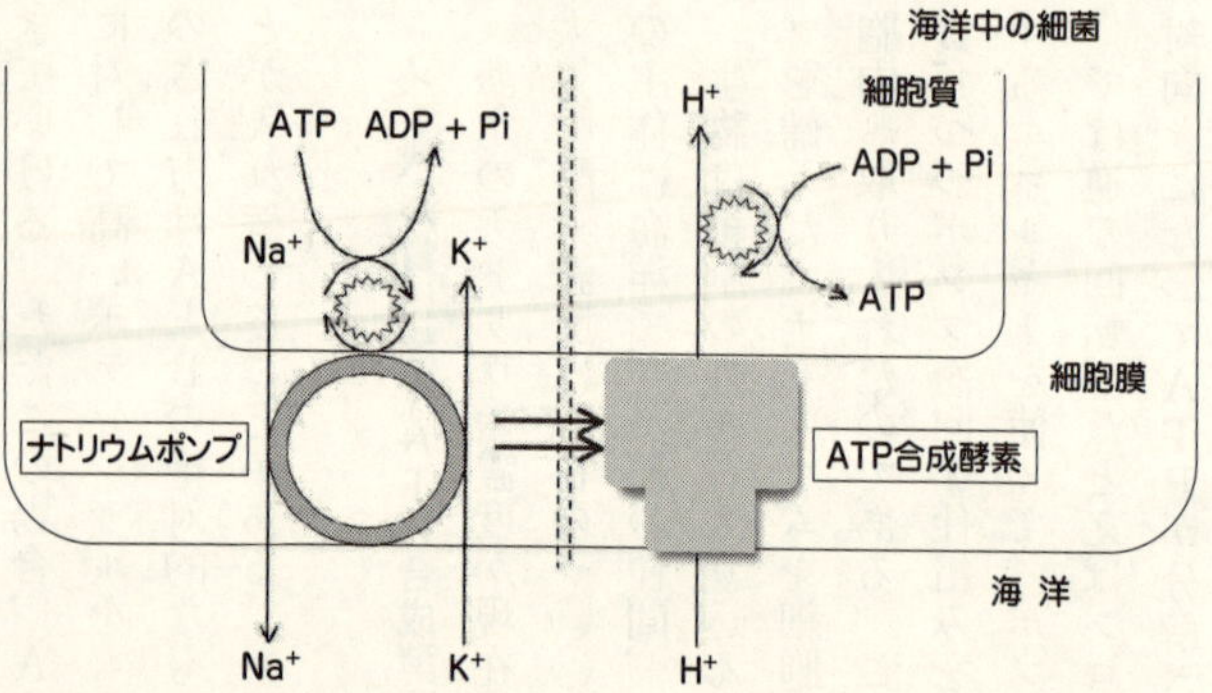

図4－3　ナトリウムポンプからATP合成酵素へ進化する　海洋中の細菌は、細胞質内へ入ってくるナトリウムをポンプを使って外へ汲み出す。このときATPを消費する。このポンプを逆向きに回転させるとADPとリンからATPがつくられる。

この発想をもとにATPができる仕組みを解明したのがピーター・ミッチェル（一九六一年、化学浸透圧説）である。これにより彼は一九七八年にノーベル化学賞を受賞した。人工的にATP合成酵素を組み込んだ小胞体で膜外のpHを下げ、プロトンを膜内に送り込むとATPは確かにできる。

ATP合成酵素は、生物が誕生したそのときにはすでに細胞膜に組み込まれていた（はずである）。なぜなら、生命の基本的な営みである分裂や蛋白質合成にエネルギーは不可欠であるからだ。エネルギーのもとになる海洋中の無機物を細胞内に取り込む種々のポンプの機能にも必要である。

このATP合成酵素のはたらきをきわめて単純化した生物がいる。光が当たるとそれによってエネルギーを産生する高度好塩菌である。前章で説明した通り、この古細菌は細胞壁にバクテリオロドプシンという膜蛋白質をもっていて、光が当たるとプロトンを汲み出すポンプが作動する。一度、汲み出されたプロトンは、細胞膜のプロトン輸送ATP合成酵素を通って細胞内に入り、このときATPができる。

生物のしたたかな計画

生物は酸素を利用することでエネルギーをより多く産生できるようになったが、これにともなって三つのことを課せられた。一つは膜の内外でプロトン濃度勾配をいかにつくるか、二つ目がその勾配差をいかに強く保つか、三つ目はこれらを合理的なシステムとして構築できないかという課題であった。

生物の細胞はすべて一枚の膜からなる細胞膜で覆われている。外側が親水性で内側が疎水性の構造をとっている。この膜は酸素、二酸化炭素、水などを自由に通すがイオンの通過は制限する。初期微生物ではプロトンを積極的に膜の片側に汲み出すプロトンポンプが膜に組み込まれた。すなわち、電子伝達系という膜蛋白質の形成である。

プロトン濃度勾配を強くするもっとも大きな要因は、電子供与体と受容体との酸化還元電位差を大きくすることである。生物は水素を電子供与体、酸素を受容体とすることで解決した。正確には酸素ガスを「たまたま」利用することで解決した。もう一つは電子供与体のもつエネルギーを小出しに順次、抜いていくことである。これに対しては電子伝達系の膜蛋白質を複数もつことで生物は対処した。

最後の問題、エネルギーを合理的に効率よくつくるシステムについては、深謀遠慮《しんぼうえんりょ》。細胞膜上の電子伝達系とATP合成酵素系とをもった細胞膜を機能的に徹底的に特化させる方向を生物は目指し、構築した。これには細胞膜をジグザグに畳み、表面積を増やす工夫がされた。しかし、これにも限度がある。究極の方法は、細胞膜そのものを備えた特別の器官を細胞内にもつことであった。ミトコンドリアおよび葉緑体への分化である。それも、一つの細胞で莫大な数をもつことだ。こうして原核生物は真核生物へ向けて着実に進化した。

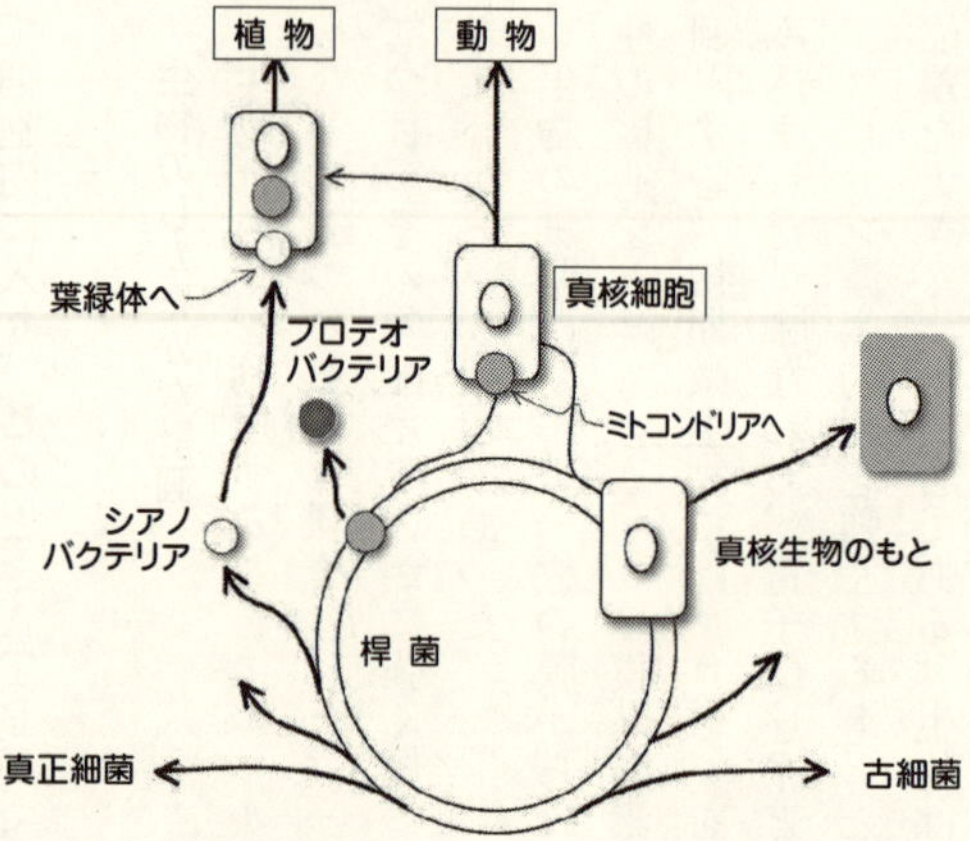

図4－4　真核生物の誕生　古細菌（右）と真正細菌（左）との子孫同士が共生して、21億年前にミトコンドリアをもった真核生物が誕生した。その後、酸素ガスを発生させるシアノバクテリアがさらに共生し、植物が生まれた。

その具体的な戦略は、ミトコンドリアや葉緑体に変身していく微生物を、別の微生物に侵入させることだった（図4－4）。ミトコンドリアでは酸素が電子を移動させる原動力となり、葉緑体では光エネルギーがその役割を担う。ミトコンドリア装置が原核細胞に組み込まれたのは、酸素が大気中に発生するようになってから七億年もの歳月がたってからである、最初の光合成が始まってから葉緑体が真核細胞に導入されるまでには、二四億年も要した。そのような長大な時間を費やして生物は確実に高等動物への進化の計画を練っていった。原核細胞がミトコンドリアを組み込み真核細胞へと進化していった長大な物語をつぎに紹介しよう。

2　ミトコンドリアは寄生者

真核生物の誕生

二七億年前にシアノバクテリアが地球上に登場した後、それまで栄えていた酸素のない所に棲む嫌気性細菌は、酸素の毒性のために死滅するか、あるいは海洋の地底や泥炭中へと避難した。

当時、深海には硫化水素が多く酸素はなかった。この状態は、今から一〇億年前まで続いていた。無酸素下に光合成をおこなう海洋細菌群は、酸素と共存する方法を模索せざるを得なかった。なぜなら、光合成に必要な太陽光が届く海洋の表面には酸素ガスが溶けていて、どうしても酸素とつきあわざるを得なかったからである。もともと酸素濃度がゼロのときから光合成をおこなってきた紅色細菌は、酸素があっても適応できるように進化していった。それは、光合成の暗反応を逆回転させてTCAサイクルとし、糖の合成系を解糖系に反転させて酸素を利用できるようにしたからだ。

こうして生まれた好気性細菌は、やがてフラジェリンという鞭毛《べんもう》を備えた。酸素を使ってエネルギーを効率よくつくることができるようになって運動能が増し、有機物を捕えることができるようになった。そうするうちに栄養を光合成に依存することも次第になくなっていった。この細菌群はグラム陰性桿菌《かんきん》のαプロテオバクテリアに属する。αプロテオバクテリアは、たとえば大腸菌や、マメ科の植物に共生して窒素を固定する根粒菌、そして人畜共通に感染するリケッチアなどを含む。だから、わたしたちの腸内に共生する大腸菌はわたしたちよりも数段、先輩にあたる。

リボゾームRNA遺伝子の塩基配列を解析してわかったことは、これらのαプロテオバクテリアのグループから、やがてミトコンドリアが生まれたことである。紅色細菌のなかには、ミトコンドリアがもつ酸素呼吸系に必要なシトクローム*c*オキシダーゼと似た膜蛋白質をもっているものがいる。そして、酸素があるときは好気性呼吸をおこない、酸素がないときは光合成をおこなうという両刀使いのエネルギー獲得系をもっている。多分、紅色細菌の一部は外界の酸素濃度を感知するシステムをもっていて、酸素濃度に応じてシトクローム*c*オキシダーゼ類似の蛋白質や光合成色素をつくったりするなど調節しているのだろう。

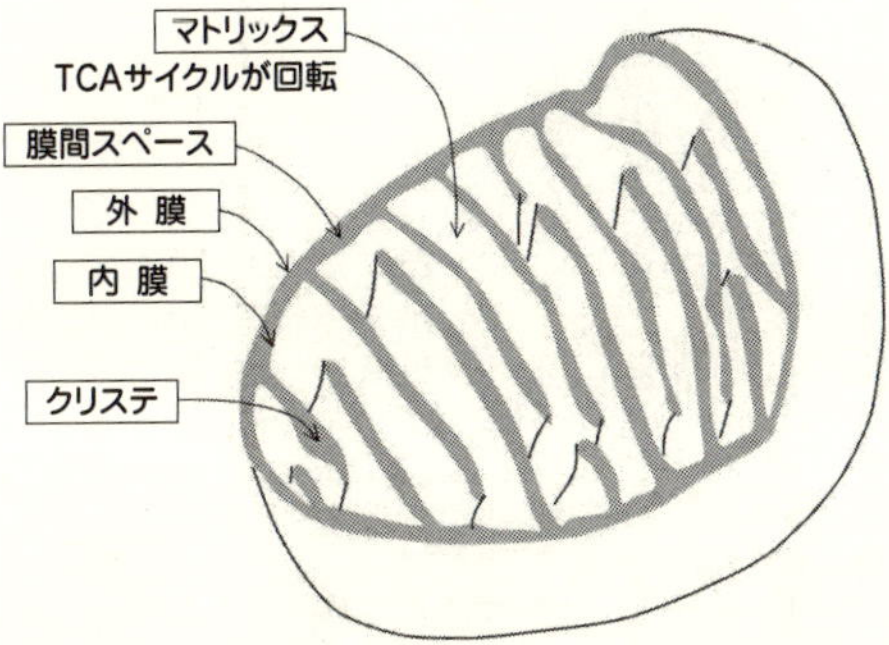

図4－5　細胞の「発電所」――ミトコンドリア
マトリックス内で、TCAサイクルによって食物中の水素（電子）が抜かれる。内膜上に電子伝達系が配置されている。肝細胞1個は800～2500個ものミトコンドリアをもつ。

二つの細胞内小器官

真核生物は糖を酸化してATPを合成することをミトコンドリアでおこなっている（図4―5）。ミトコンドリアは細胞のなかで、エネルギーを専門につくる工場だ。宿主細胞が栄養素から抜いた水素中の電子は、ミトコンドリアの内膜を転がり、酸素分子に吸収されエネルギーができる。葉緑体では光合成によってATPをつくっている（図3―4参照）。これらの細胞内の小器官は内部に環状のDNAをもち、少ないながらも自前の遺伝情報をもっている。また、細胞本体とは別に、リボゾームと呼ばれる蛋白質合成工場をそれぞれのなかに備えている。さらにミトコンドリアと葉緑体は、それぞれ紅色細菌とシアノバクテリアの特徴とよく一致する。これらの証拠から、真核細胞は複数の生物の共生により進化してきたものだと考えられてきた。

このことを支持するよい例がある。シゾンという単細胞藻類だ。直径一〇〇〇分の一ミリメートル。強酸性で高温の環境に棲む。この生物はミトコンドリアと葉緑体とを一個ずつ。ふつう、ミトコンドリアと葉緑体は宿主細胞内で増殖する。だから、シゾンは植物の始まりと考えられる。さて、この生物の特徴は、ミトコンドリアや葉緑体がもともともっていた遺伝子のなんと九割以上もが宿主本体の細胞核に移ったと考えられる点である。そんなにたくさんの遺伝子が核へ移動していることから、宿主細胞が、共生してきた微生物から遺伝子を大量に奪ってコントロール下に置いたと解釈できる。

自分自身の形質が受け継がれ増殖できるものを生物と定義するなら、真核細胞内に宿るミトコンドリアはまさに現在を生きる微生物といえる。

真核生物の出自

真核生物のいわゆる家系図をつくるのは難しい。その理由は、生物は進化の途上でDNA

の塩基置換ばかりでなく、大がかりなゲノム融合などをおこしてきたからである。そんな面倒な系統図をつくるのはやめて、単純化した系統樹をつくることが二〇〇四年に提唱された（図4－4参照）。真核生物の誕生に関わる細菌群を一つの環に配したのである。この環の上極が真核生物、その左右に異なる細菌群を配置した。すなわち、環の片側の細菌群を酸素非発生型光合成細菌から分岐した、真核生物に近い真正細菌（プロテオバクテリアか、もしくはシアノバクテリアとプロテオバクテリアを含む光合成細菌）とした。

環の反対側の細菌群は古細菌、なかでも真核生物に近いクレンアーキオタ類（エオサイト）とした。それぞれの細菌群を環の下方から上極へたどり融合すると真核生物に至る。すなわち、真正細菌の紅色細菌から好気性のαプロテオバクテリアが生まれ、これが古細菌に共生しミトコンドリアに進化していった。

これまで、宿主が古細菌か真核細胞かによって二つの説が提唱されてきた。ひとつは宿主は原始的な真核細胞と考える立場（アーケゾア説）。もうひとつが古細菌を宿主とする説（水素仮説）である。水素仮説では水素および二酸化炭素排出性の細菌が水素を利用するメタン古細菌に共生したという考えで、最近注目されている。こうして、今から二〇億年前に真核生物ゲノムが誕生した。まさにこの頃、大気中酸素濃度の上昇がみられた。そして一〇億年前、シアノバクテリアはミトコンドリアを含む真核細胞内に共生し、やがて葉緑体へと変身していった。植物細胞の葉緑体がシアノバクテリアから発生し、ミトコンドリアや葉緑体といったエネルギー代謝に重要な細胞内小器官はいずれも光合成生物に由来することになった。

3　食べてもやせる

バセドウ病

のど仏のすぐ下に蝶々の形をした臓器がある。甲状腺だ。平均一五グラム。これがどのような機能を果たしているか、甲状腺をとってそのままでいるとわかる。全摘すること三週間。少し身体がむくんでくる。疲れやすい。四週間経つと皮膚はカサつき、髪の毛はバサバサで色艶は失せ、顔はむくみ精彩がなくなる。からだは冷え、便秘にもなる。精神活動は低迷し、からだの動きも緩慢になる。心臓の周りに水が溜まってくることもある。まるでクマの冬眠状態だ。

一方、機能が高くなると、ジッとしていても心臓は早鐘のように打ち、息が切れる。手は小刻みに震え、大きくも揺れる。寒い冬の日でも暑く感じ、部屋の窓を開けっ放しにしたがる。体温も上がる。食欲は旺盛だが食べても食べても太らない。むしろやせてくる。便は軟らかく何度も出る。そのうち筋力が衰え、駅の階段を登れずにへたり込んでしまう。自分の意志に反し、まるで魂を誰かに乗っ取られて、つねに駆け足をさせられているようだ。バセドウ病を代表とする甲状腺機能亢進《こうしん》症の症状である。甲状腺細胞の成分に対する抗体ができてしまい、これが甲状腺を際限なく刺激するのだ。

甲状腺ホルモンはからだのほとんどすべての細胞にはたらきかける。特徴的な作用は代謝率を上げることだ。脳と少しの臓器は例外として、ほかのすべての臓器は甲状腺機能が高くなるとそれだけ酸素消費量が増える。

酸素を呼吸している生物にとって、酸素消費量が増えるという意味は、エネルギーがどんどんつくられるということである。甲状腺機能亢進症では食べても太らない。むしろやせていく。薬で甲状腺機能を正常化すると太ってくる。機能は落ち着いてよかったが太ってきたのが困る、と患者さんはよくいう。それは太ったのでなく、現在の体重があなたの健康な本来の体重なのです、と説明しても納得しない。この体重のギャップは何に基づくのだろう。機能が高いときに摂った過剰なエネルギーはどこへ失われてしまうのだろうか。多分、栄養として蓄積せずにからだから逃げていってしまうにちがいない。確かに機能亢進症では皮膚はつねに汗ばみ、少し動いただけで滝のように汗が出る。そして、夕方に余分に熱が出る。

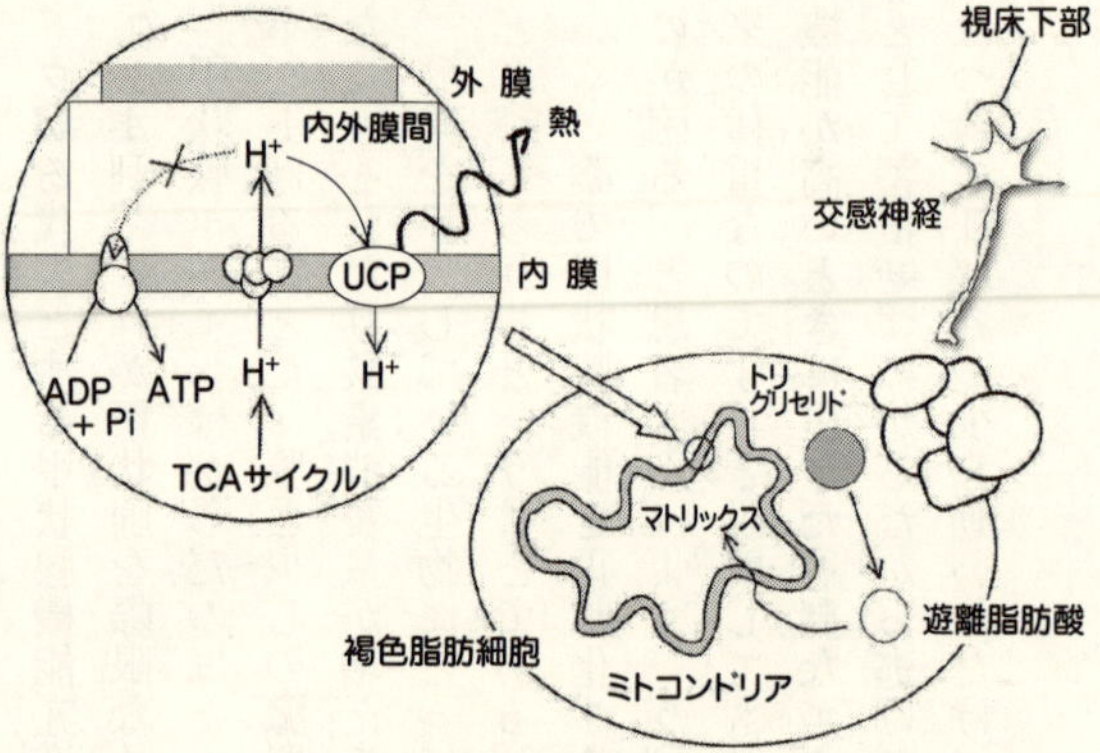

図4－6　エネルギーが熱として逃げる　脂肪が燃え（酸化され）ても、ミトコンドリアの内外膜間に溜まったプロトンがATP合成酵素を通らず、「近道」の非共役型蛋白（UCP）を通ってしまうとATPができない。

エネルギーが熱として逃げる

ミトコンドリアでATPができる過程を振り返ってみよう。食物由来のエネルギーはミトコンドリアでATPに変換される。エネルギー基質がもつエネルギーのうち、ATPに変換される効率は四〇%程度で、半分以上は熱になって失われる。この熱は体温調節に使われる。代謝の活発な肝臓などでは、自動車のエンジンが熱くなるように熱も多く産生される。電子伝達系の最後の部分で、ミトコンドリアの内膜と外膜の間に溜まったプロトンがマトリックス内へドッと移動するとき、ATP合成酵素のポンプが回ってADPとリンとが高エネルギーで結合しATPができる。このときプロトンがATP合成酵素を回転する経路を通らず、マトリックス内へ「別の近道」を通ってしまうと、せっかくのエネルギーが熱として逃げてしまう（図4－6）。体温が上がるだけだ。これを非共役型熱産生という。エネルギーはATPに変換されて初めてからだが利用できる。このATP合成酵素を経ないでプロトンを短絡的に移動させるチャンネルが非共役型蛋白質（UCP）である。甲状腺ホルモンは眠っている*UCP*遺伝子を起こしUCPをつくり、エネルギーを無駄にしてしまう。だから、バセドウ病では食べても食べても太らないのだ。

UCP

UCPには三つのサブタイプがある。UCP－1は褐色脂肪細胞だけにあり、UCP－2は白色脂肪細胞や骨格筋、脾臓《ひぞう》、小腸など全身に広く分布し、UCP－3は主に骨格筋にある。脂肪細胞に「褐色」や「白色」があるのは耳慣れないかもしれない。ふつう、「脂肪」と呼んでいるのは白色脂肪細胞のことだ。内分泌臓器としての役割をもっているし、余ったエネルギーの貯蔵庫としても働いている。

一方、褐色脂肪細胞は脂肪を「燃やして発熱する」という、きわめて特別な機能をもっている。褐色脂肪細胞にはUCP－1を含んだミトコンドリアが多量に含まれている。クマが冬の間、ジッと動かないで体温を保っていられるのは皮下の白色脂肪が断熱剤の役割をし、かつ褐色脂肪細胞が熱を産生しているからだ。そして春が訪れると、この褐色脂肪が急速に脂肪分解して大量の熱を発生する。動物は体温が急上昇して目覚めるのである。

ヒトでは赤ん坊のときに褐色脂肪細胞が肩から背中にわたり分布し、体温を上げている。成人ではほとんど褐色脂肪組織はない。だが、適当な交感神経刺激が続くと白色脂肪が褐色化していき、UCP－1が出てくる。そして、エネルギー消費が増える。多食しても太らない動物ではUCP－1が増えている。人為的にUCP－1がミトコンドリアに出てくるのを抑えると、マウスは太ってくるし、反対に高発現させたマウスではやせてくる。大食いの人がむしろやせているときなど、ついこの蛋白質のことを考えてしまう。

もう一つの熱産生ホルモン

体内で熱産生を司るもう一つのホルモンがある。カテコラミンだ。恐怖を感じたとき、あるいはここ一番というとき、エピネフリンやノルエピネフリンなどのカテコラミンが交感神経末端や副腎《ふくじん》から一気に出てくる。カテコラミンはUCP－1による熱産生を促す。UCP－1がないマウスは寒がりで、気温が下がっていなくても末梢血管が収縮し、熱が逃げないようにしている。

交感神経刺激により神経末端から分泌されるエピネフリンおよびノルエピネフリンには、

酸素消費を増やす作用、脂肪を分解するはたらきがある。交感神経はβアドレナリン受容体を介して脂肪細胞にはたらきかける。たとえば、寒さ、多食、運動などで交感神経の活動が高まったとしよう。これによって白色脂肪と褐色脂肪細胞とのβ受容体が刺激され、最終的に脂肪細胞中の中性脂肪が分解されて脂肪酸が遊離してくる。

この脂肪酸はミトコンドリアのマトリックス内で酸化分解され熱源となる。当然、酸素消費量は増える。同時に脂肪酸は褐色脂肪細胞のUCP－1に直接はたらいてプロトンチャンネルを機能させ、せっかくつくったプロトン濃度勾配差をなくしてしまう。その帰結は、ATPができず、体温が上がるだけだ。交感神経がβ受容体に作用すると、甲状腺ホルモンと協同して*UCP－1*遺伝子を強力に目覚めさせ、ミトコンドリアの数を増やしたりする。

交感神経や甲状腺ホルモンが骨格筋にはたらくと*UCP－3*遺伝子が動き出し、UCP－3蛋白質をつくりはじめる。生理的には絶食など血中遊離脂肪酸が増えるときに誘導される。マウスでヒトUCP－3を過剰に発現させると、よく食べるがやせて脂肪量が極端に減る。

第五章

低酸素を
どう生き抜いてきたのか

春の北アルプス　残雪の燕岳を遠望、1974年４月撮影

1 陸だけが生物圏ではない

「地球上の生命の多くは、太陽からの光エネルギーを化学エネルギーに変換する光合成に依存している」。このことは事実であるが、すべてではない。それは最近、光合成に依存しない生物群の存在が明らかになったからだ。それより何より、生き物の見方として偏っている。

わたしたちが生物を観察するとき、ヒトは陸上動物で、しかも高度な文明をもっているがために、ヒトからの視点になりがちである。どのような生物であっても生命を全うするという点では同じだ。

朝《あした》に紅顔《こうがん》ありて夕べに白骨となる

セミの成虫がわずか数日の生命であっても、ゾウが一〇〇年も生きることと本質的には変わりがない。

ヒトは脳が高度に発達しているため、モノを生み出すという創造の世界を享受することができ、芸術を楽しむことができる。このことが人間社会ではよりよく生きることとされている（らしい）。逆に創造的な活動をすることができない、あるいは「できない」とヒトが勝手に解釈しているヒト以外の生物は下等である、という偏った発想をしがちである。

栄養の摂り方にしてもそうだ。酸素呼吸をおこなう動物が高等とはいえない。たまたま酸素呼吸をしているにすぎない。太陽光の届かない海底および土中や地中のはるか奥深くで、光合成に頼らず無機物から栄養を摂ったり、地熱や熱水を利用してエネルギーを得ている微生物がいる。どのくらいいるのか量りしれない。鉄や硫黄を酸化してエネルギーを得たり、無酸素下に無機物、有機物からエネルギーを得たりして土壌中や海洋中を「ホソボソ」と生きている細菌を下等といえるだろうか。あくまでも進化史の系統樹で上か下に位置するかのちがいだけだと思う。

地球をめぐる出来事の偶然ともいえる集積の結果生まれた酸素ガス、そしてそれを享受してきた生物。生物が単なる有機体であれば、宇宙のうちの一つの星である地球を取り巻く単なる物語にすぎない。しかし、有機体がＤＮＡにより形質を継承することから、酸素の意義はちがってきた。地球物理の歴史と生物の進化との偶然の重なり合いが必然にも思えてくるだろう。

ブラックスモーカー

ときは第二次大戦中。大西洋の真ん中に、南北に伸びる巨大な火山帯が発見された。高さ三〇〇〇メートル、南北一万八〇〇〇キロ。大西洋中央海嶺《かいれい》と名付けられたこの火山帯は地球上、最大だ。当時、アメリカ海軍は敵国ドイツの潜水艦の攻撃をかわすため、大西洋の海底地形図を作成していた。そんな最中に火山帯は見つかった。火山帯では絶え間なく地震活動がおき、マグマがつねに噴き出し、かつて陸続きであった南北アメリカとアフリカ大陸とを東西に分けた。地球上で生産されるマグマの四分の三がこの中央海嶺から噴出する。地球全体で放出される熱の実に七割以上が中央海嶺から出ている。同様の火山帯は太平洋にもあって、東太平洋海嶺（東太平洋海膨《かいぼう》）と呼ぶ。

地球は陸も海もすべて、一〇枚ほどのプレートという硬い石の上に乗っている。プレートの境目はほとんどが海底にあって、全地球で距離にすると八万キロメートルにもなる。プレートのつなぎ目から地球の内部につながり、マントル内のマグマにぶち当たる。プレートの境目ができるのはつぎの二つの場所に限られる。ひとつは中央海嶺のように海底が新たに生まれる場所。もうひとつは、プレートが別のプレートに潜っていく部分（沈み込み帯。図2―5参照）である。

地球は創生期に幾多の微惑星の衝突エネルギーを内部に秘め、いまだに熱を発散しつづけている。それがプレートのつなぎ目でおきる地震活動や火山活動の原動力となっている。内部から出てくる熱水の噴出孔はプレートのつなぎ目に集中している。

プレートの境目から海水が入り地球内部へ滲《し》みだしていく。すなわち、海嶺でプレートができるとき、プレート内に水分が入り込む。プレートが沈み込み帯からマントル内へ下降し、マグマ内へ水が運ばれる。するとマグマ内で水蒸気が泡だち、噴出する。熱水は硫化水素や重金属をたくさん溶かし込んでいるから、熱水が海水中に噴き上げられると、これらの成分が噴出孔の周りに沈澱し、煙突のような筒状の構造物ができる。これが「チムニー」である。

チムニーから出てくる熱水の硫化水素は海水と反応し、黒い煙が立ち上るように見える。「ブラッ

図5－1　知られざる生物圏――深海　熱水が噴出する深海には、硫黄や金属などの無機物をエネルギー源とする微生物が棲んでいる。口も肛門もないヒモ状のチューブワームを中心に生物圏が拡がる（〔『朝日新聞』2004年10月3日（夕）より引用〕）。

クスモーカー」だ（図5－1）。一九七九年、チムニーとブラックスモーカーが東太平洋海膨メキシコ沖、水深二六〇〇メートルでアメリカ海軍の深海潜水艇「アルビン号」によって発見された。水温、三八〇℃。初めて熱水鉱床が見つかったのは遡ること二年、同じくアルビン号によりガラパゴス諸島の東方、水深二五〇〇メートルだった。これまでに二〇〇ヵ所以上の熱水噴出孔領域が発見されている。

初期微生物が、熱水噴出孔の周辺で熱水とともに湧き出る硫黄、硫化水素、水素、鉄などを栄養源としていたことが想像できるであろう。

チューブワーム

アルビン号の発見はこれだけではなかった。生物の新しい生態系を発見したのである。熱水が噴出する周囲に、体長二メートル、細長い白い筒型をした、先端に赤く「ベロ」をもった生き物の群集を見つけた。さらにその周辺にはエビやカニが群がっていた（図5－1参照）。太陽光の届かない暗黒の高圧下の荒涼とした海底に、である。

細長い生物はチューブワーム。白い筒は甲殻類の甲羅のように蛋白質とキチン質からなる硬い殻だ。この殻を破ると軟らかい本体が出てくる。本体の上のほうに数センチほどの筋肉の部分があって筒と本体とを密着させている。筋肉が本体をわずかに覆うように「羽織っている」からハオリムシともいう。本体の先端の赤い部分は鰓《えら》にあたる。

ところが、この生き物、口も肛門もない。栄養体と呼ぶ軟らかな本体は血管と細胞とからなり、後半部の細胞内にはバクテリアがウジャウジャといる。栄養をどうやって摂っているかというと、共生菌がエネルギーをつくり、これをチューブワームが利用するのである。その代わりチューブワームは、共生菌に対して酸素と栄養素を外から鰓を通して摂ってやる。まさに、「世の中は持ちつもたれつするが富士」。共生菌は硫黄酸化細菌（チオバチルス菌）で、熱水から出てくるふんだんな硫化水素を酸化してエネルギーをつくっている。チューブワームと共生菌とは唇と歯、そして車と車の添え木のような関係だ。どちらかがいなければ、他方の存在は危うい。

共生菌はチューブワームが口をもっている浮遊性の幼生時代に体内に入り込む。先端の「ベロ」が赤いのはヘモグロビンの赤い色であった。海水から酸素を取り入れている。深海といっても酸素分子が溶けている。海水が循環しているからだ。水深七五七九メートルの日本海溝にはシンカイクサウオという魚が生きており、世界にはもっと深い所（水深八三七〇メートル）で棲息する深海魚もいる。これらの海洋生物はエネルギーの代謝回路が陸上の動物と異なる点があるにしても、酸素ガスを取り込んで呼吸している。

熱水噴出孔があるような海底では光は届かない。植物性プランクトンが光合成をおこないうるのは海洋表層に限られる。水深一〇〇メートルになると海面の一%くらいしか光が到達しない。そして、水深二〇〇メートルに達すると光合成の限界となる。だから、これよりも深い所に生きる生物は、海洋を漂う有機物を捕えて栄養とするか、光に依存せずに自ら有機物を生成するしかない。独立栄養はバクテリアに限られている。カニやエビ、魚はバクテリアやプランクトン、さらに自分よりも小さな生き物を捕えて栄養とする。大は小を食らうである。ほかには、チューブワームのように共生菌から栄養を奪取する方法である。

エネルギー源は硫化水素

チューブワームの共生菌が硫化水素を酸化するためには酸素が必要となる。チューブワームは海洋中に溶けている酸素分子をビロード状の鰓から取り込むが、とても不思議なのは酸素と硫化水素とがチューブワームの体内に同時に存在する点である。なぜなら、硫化水素は酸素があるとすぐに酸化されてしまうからだ。

さらに問題は、ふつうの生物だったらヘモグロビンは硫化水素と結合すると酸素運搬能力を失う点である。ちょうど、一酸化炭素がヘモグロビンと優先的に結合し、全身への酸素運搬が障害される一酸化炭素中毒の病態と似ている。ところが、チューブワームのヘモグロビンは特殊で、酸素と硫化水素の二つを同時に結合することができる。つまり、硫化水素を蛋白質のなかに閉じこめて運び、体内での毒性が発揮されるのを防いでいる。共生細菌は、宿主から硫化水素と酸素、二酸化炭素とを供給され、化学的無機独立栄養代謝によってエネルギーを得て有機物を合成する。すなわち、硫化水素や硫黄を酸化して得たエネルギーを使って二酸化炭素と水から炭水化物を合成しているのである。宿主はこの共生細菌の有機物の一部を「家賃」として受け取ることにより、そのからだを維持している。

チューブワームは熱水噴出孔周辺ばかりでなく、硫化水素がなくてメタンガスが湧く所にも棲息している。メタンガスは生物の遺骸、排泄物が積もり積もった酸素のない所でメタン細菌によりつくられる。できたメタンをメタン消費細菌が使い、二酸化炭素と水素とにする。この水素はやはり酸素のない所で、硫酸塩還元細菌により硫酸塩呼吸により硫化水素に変わる。チューブワームはこの硫化水素を利用する。「風が吹けば桶屋が儲かる」図式である。そして、この硫化水素はチューブワーム内に棲息する硫黄酸化細菌により硫酸となる。

2　もっと酸素を

高度六〇〇〇メートルに棲むナキウサギや、海面下五〇〇〇メートルに生きるチューブワーム。ヒトからみると驚異だ。舌を巻いてしまう。なぜそんな酸素の少ない環境で生きられるのか。しかし、彼らはそんなことはまったく気にしていない。長い時間をかけて低酸素に耐える機構を身につけてきたからだ。だからこそ、酸素濃度が薄い所で生活していける。

地球上で酸素に頼らずにエネルギーを獲得しているのは微生物のみだ（微生物すべてが酸素を嫌うわけではない）。地球上で初めて生物が誕生したとき、もともと酸素ガスはなかった。二七億年前、偶然にもシアノバクテリアが酸素を発生させて以来、エネルギーをつくる、いわゆる「内呼吸」の仕方がガラリと変わった。この変化に数億年を要した。

「内呼吸」ばかりでなく、生物はいかに多くの酸素を外界から取り入れるかという「外呼吸」をも進化させてきた。「外呼吸」とは、酸素を含んだ大気や海水を体内に取り入れ、それらの流体から酸素分子だけを「こして」血液へ送り、同時に血液から二酸化炭素を流体中に取り込ませ、体外へ排出する作業である。生物はその置かれた環境でそれぞれの過程を進化させてきた。

酸素を呼吸する多細胞生物が浅い海に出現するようになったのは六億年前。エディアカラ生物群だ。二メートルにも達する生物もいた。軟らかい体表から海水中の酸素を摂取していたらしく、体内に共生させた光合成藻類・光合成細菌から酸素もエネルギーも得ていたらしい。このエディアカラ生物群は五億五〇〇〇万年前（V／C境界）、二つの超大陸の形成・分裂にともない絶滅した。そして、五億四〇〇〇万年前、カンブリアの「大爆発」がおきて生物群が一気に入れ替わった。この頃、大気中酸素濃度は一％へ向かって上昇していた。当時の生物は海水中で鰓呼吸をし、体内に海水を取り入れては必要な酸素を循環器系へ送っていたと推測される。

植物の上陸

植物は生物のなかで、もっとも多様性に富んでいる。その種類は推定、三〇万～五〇万種。世界中の被子植物を集めると、その乾燥重量は一兆二〇〇〇億トンで、第二位の細菌、一七〇億トンをはるかに抜いている。ちなみにヒトは三四〇〇万トン。植物は生物界でもっとも「体重」が重い。光合成という有機炭素化合物をつくるシステムをもって陸上ばかりか海洋の生命を育んできた。

もし植物が陸上へ進出しなかったら、あるいはそれにともなって植物と菌類、そして土壌細菌とが連携する共生系がなかったら、とても陸生動物は進化しなかったであろう。

一樹《いちじゅ》の陰　一河《いちが》の流れも他生《たしょう》の縁《えん》

植物の枝や葉がつくる立体的な空間は、昆虫や鳥類の生態系をつくる。根っこは土壌をつくり、そこでは土壌細菌をはじめ、菌類、昆虫、小動物などが生活する。落葉は土壌に養分を与え、食物連鎖が始まる。葉が朽ちて川や沼地に流れ、水中の生き物を育む。すると植物そのものの存在、それと光合成システムとがいかに動物の生活と進化に影響を与えてきたかがお分かりになるであろう。ことに植物が光合成を合理的におこなうシステムを進化させてきたことは大気中酸素濃度に少なからぬ影響を与えた。

しばらく植物社会のこと、植物の進化の歴史に話題を集中してみる。植物同士は互いに根っこで連携している。菌根菌の菌糸が、植物同士を地下で緊密に結びつけて共同体をつくるように手伝っている。菌類と根とがネットワークをつくり、水分と養分とが自由に行き来している。人間社会の地下鉄網のようなものだ。初期植物が陸上へ進出し、水辺から乾燥した場所へ進出し繁栄していった背景には、菌類との共生で不足するリンなどの栄養塩を確保できるようになったことがある。

植物は自分自身の栄養を確保し発育するためにも、大気中の炭素をいかに集めるかという問題が急務であった。陸上植物が有機炭素をつくる量は、海洋の植物性プランクトンのそれとで全世界の生産量を二分している。植物自身、この生物生産量を向上させるように進化してきたのであり、それは同時に、酸素ガスを大量に発生させることにつながった。

葉はなぜ薄くて広いか

植物はいつ陸に上がったのであろうか。これまでいくつかの説があった。現生生物の核蛋白質の配列を分析すると、緑藻類や主要な菌類は一〇億年前には陸上へ進出し、陸上植物は七億年前に上陸を果たしたと推定される。二〇〇三年、小さな植物片の化石がオマーンで発見された。最古の陸上植物が少なくとも四億七五〇〇万年前には出現したことがわかった。この微化石は、四億九五〇〇万年〜四億四三〇〇万年前の大量の胞子を含んだ、ゼニゴケ類に似た植物だった。当時、生物はカンブリアの大爆発後、魚類がようやく誕生したそんな頃だった。

植物は上陸後、群落を形成し、しっかりと根を張っていった。植物の根には大気中から固定した炭素が集積し蓄えられ、根は土中の岩石を破壊するほどまでに発育していった。植物が上陸したとき、現在のような広い葉をもった植物はなく、単に茎と小さなトゲだけしかもっていなかった。気孔をほとんど備えていなかった。それは、大気中には現在の五〇倍近くもの豊富な二酸化炭素があったからで、難なく二酸化炭素を取り入れることができたのである。気孔はガスを出し入れする穴でもあり、水を運ぶ補給路でもある。そこから水分を蒸発させ植物を冷やすことができ、乾燥から守ることができる。

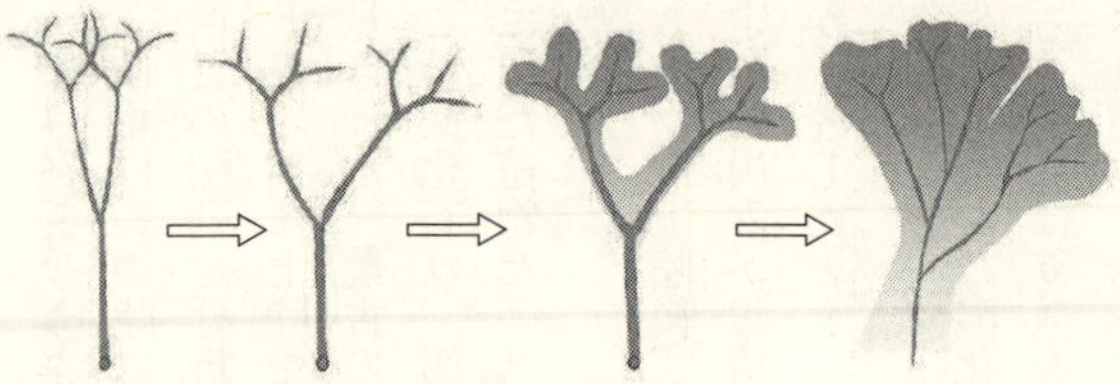

図5－2　よりたくさんの太陽光を集める　3億8000万年前、大気中二酸化炭素濃度が低下した。これにより、少しでも多くの二酸化炭素を積極的に取り入れるため、植物の葉は「トゲ」から「団扇」へと進化していった。

トゲから団扇へ

植物が葉脈と、平らで団扇《うちわ》のような大きな葉をもつようになったのは、今から三億六〇〇〇万年前である。「葉がどうして進化したのか」、そして「どうして葉の形態が進化するのに時間がかかったのか」。ヒントは当時、大気中二酸化炭素濃度が一挙に低下したことにある。

三億八〇〇〇万年前、大気中の二酸化炭素濃度が九〇％も下がった。この新しい大気のもとで、光合成の経済性が変化した。トゲのような葉では平べったい広い葉よりも表面積が少ないから、二酸化炭素をうまく吸収できない。それに太陽光を集めることもできない。そこで植物は、葉を平たく広くした。また、外気の二酸化炭素の取り込み口を増やすため気孔をたくさんつくり、二酸化炭素を効率的に吸収し、かつ、うまくからだを冷やせるようにした。気孔の密度を増やせば、平らな葉であっても太陽光による過熱という危険から逃れることができる（図5－2）。

はじめのうちは緑の茎が枝分かれし、そのまわりに細長い紙のような葉が発達した。その後、紙がつながるようにして一枚の葉が現れた。広くて薄い団扇のような葉の誕生である。これにより植物の生産性は増した。このことはとりもなおさず、光合成の副産物である酸素の生成増大につながった。かくして動物はより多くの栄養と酸素とを摂ることができるようになったのである。

鰓で呼吸する

四億七〇〇〇万年～四億六〇〇〇万年前（オルドビス紀）に、背骨をもつ最古の魚、無顎《むがく》類が繁栄していた。ヤツメウナギの仲間だ。顎《あご》やヒレをもっておらず、あたりの微生物を食べたり、泥のなかの栄養分を摂ったりしていた。現在の魚類と同じように鰓呼吸をしていた。

陸上と水中とでは同じ体積中に含まれる酸素量は四二倍もちがう。大気中には空気一リットルに二一〇ミリリットルの酸素を含むが、水中では水一リットルにたったの五ミリリットルしか溶けていない。そこで圧倒的に酸素含有量が少ない水中にいる海洋生物は、少ない酸素量に適応した内呼吸をしている。ATPを少ししかつくれないのでエネルギー消費量を極力抑え、TCAサイクルを逆回転させるなどしてATPを少しでも多くつくる工夫をこらし

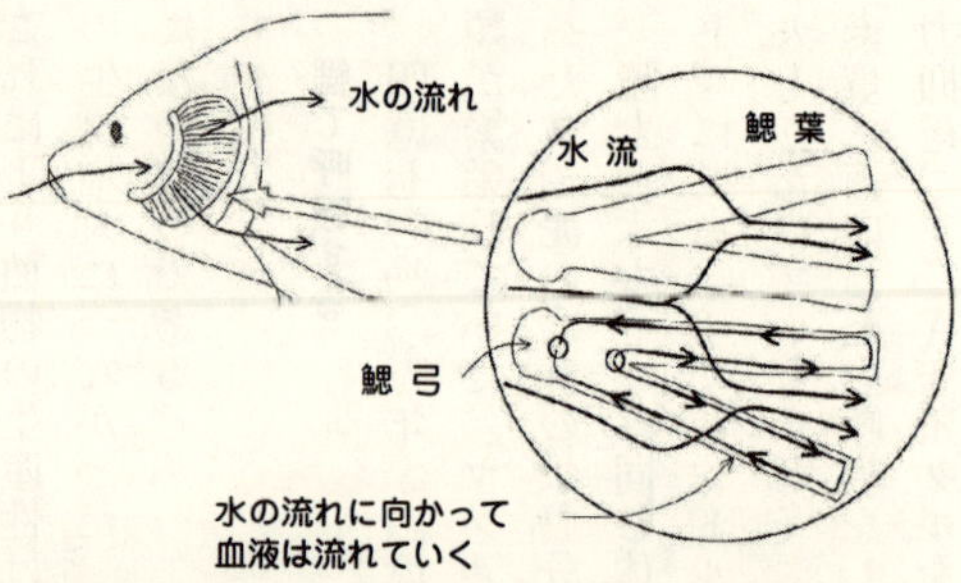

図5－3　鰓の秘密　毛細血管が鰓をくまなく走る。しかも、鰓から取り入れた水とは逆向きに血液が流れるようになっている。これによって水中の酸素ガスは血液中に取り込まれやすくなっている。

ている。

そして、水中の少ない酸素を効率的に取り入れるよう外呼吸している。それは、哺乳類でいう換気量を増やすことだ。たとえば、コイは一回口を開けるたびに水を一〇〇ミリリットルくらい、一分間にすると一〇リットルぐらい吸い込み鰓へ通過させ、そのなかに溶けている酸素の五〇％を取り入れている。

魚の鰓は、水から酸素や塩類を効率よく吸収するために特別に発達した器官である。基本的には鰓は哺乳類の肺の肺胞と同じように生体膜に覆われ、小さなトゲのような組織（二次鰓弁《さいべん》）をもって表面積を広くしている。この二次鰓弁が密集することで、通過する水と血液の流路を狭くし、ガス交換の効率を上げている。

また、鳥類と似た「対向流系」という呼吸システムをもっていて、吸い込んだ水と鰓弁を流れる血流とが互いに向き合うようになっている（図5－3）。

こうすることで、水と血液の酸素濃度差が大きくなり、酸素が血中に吸収されやすくなる。

このほか、魚の血液中のヘモグロビンは、ヒトのヘモグロビンよりも酸素をたくさん取り込める構造になっている。

肺魚の出現

四億三〇〇〇万年前（シルル紀）、浅い海にはサンゴ、ウニの仲間、三葉虫、巻き貝などが棲息していた。それらの生物は現在の軟体動物と同様の呼吸法をおこなっていた。原理は海水を「濾過器《ろか》」に通し、酸素分子をこし分ける方法である。貝であれば体内の外套腔《がいとうくう》という部分に鰓をもち、外套腔内に水を出し入れすることによって酸素を摂取する。ウニであれば管足《かんそく》から海水中の酸素を摂取する。

この時期に出現した硬骨魚類が初めて「肺」をもった。だから、肺は進化上、陸上生活するためのものでなく、もともと鰓呼吸を補助する目的で発生した。もっとも、海中では肺は必要ない。なぜなら、外洋は海水が攪拌《かくはん》されているので酸素が不足するということはないからだ。肺は、鰓の第六鰓孔《さいこう》の下にある消化管の一部が袋状になり、そこに血管が密に張り巡らされて誕生した。浮き袋は肺から進化していった。魚類が肺をもった四億三〇〇〇万年前、すでに「上陸」の準備はできあがっていた。

四億二〇〇〇万年前に大陸移動がおき、浅い海に棲息していた生物は消滅し、陸地のデルタ地帯に淡水環境がつくられていった。三億八〇〇〇万年前、魚類は顎をもち、ヒレを進化させていった。

生物が顎をもったことは画期的な事件だ。なぜなら顎のない、たとえばヤツメウナギには抗体をつくるシステムがない。顎をもつことで咀嚼《そしゃく》力が増し、たくさんの食物を摂ることでたくさんの蛋白質に接し、自分のからだと異物とを見分ける後天免疫が一気に発達したのである。

この頃、魚類は急速に多様化していった。三億七〇〇〇万年前、植物は森をつくり、デルタ地帯の川に棲む魚は落葉から栄養素を摂取し、大型化していった。そして、湿地帯へ進出した魚はさらに肺を発達させ、一部は手足を進化させ上陸の機会を窺うようになった。この時期、ようやく、現在の酸素濃度に到達する。デルタ地帯では、雨期には水没林を中心に豊かな生態系ができあがっていた。乾期になるとあちこちに水溜まりができ、そこにとり残された「小水之魚《しょうすいのうお》」は酸素欠乏に見舞われた。そのなかに空気呼吸をする魚がいた。肺魚《はいぎょ》だ。幼魚のときには鰓呼吸し、成魚になると肺で呼吸していた。

上陸する

三億六〇〇〇万年前、生物は陸上へ第一歩を刻んだ。最初に上陸した脊椎動物は四肢動物といい、それらから両生類、は虫類、哺乳類、そして霊長類へと進化していった。両生類の卵は乾燥に弱い。だから卵を水中か水の近くで産む。両生類は幼生のうちは水中で鰓呼吸をし、成長すると変態して肺呼吸をする。なかには変態しないで一生、鰓呼吸を続けるものもいる。皮膚には毛、羽毛、鱗もなく、湿っていてガス交換をおこなっている（皮膚呼吸）。

三億一〇〇〇万年前、哺乳類型は虫類が初めて地球上に出現した。このとき大気中酸素濃度は、地球史上、最高の三〇％に到達する直前だった。二億九〇〇〇万年前に超大陸パンゲアができ、この四〇〇〇万年後（P／T境界）、パンゲアの分裂による史上最大の生物絶滅を招くことになる。この頃、哺乳類型は虫類が繁栄していた。

スーパーサウルスの登場

ペルム紀末（二億五〇〇〇万年前）、わたしたち哺乳類の直接の祖先と考えられる獣弓《じゅうきゅう》目キノドン類が登場した。そして、P／T境界（ペルム紀―三畳紀境界）で生物の大絶滅を迎え、二〇〇〇万年にもわたり地球は酸素欠乏に見舞われた（スーパーアノキシア）。

P／T境界をかろうじて生き抜いた哺乳類型は虫類、リストロサウルスはつぎの特徴ある体つきをしていた。内鼻孔が短く、より多くの空気を吸うことができる。また、胸郭が大きく、大きな肺をもち、換気量が多かったと推測される。そして、真の哺乳類へ進化していくキノドン類トリナクソドンが繁栄した。この動物は、肋骨が胸だけにあって、横隔膜をもっている。だから、換気量を増やすことができる。また、口腔と鼻腔とが二次口蓋《こうがい》で隔てられた結果、口一杯、食物をほおばっても鼻で呼吸をすることができる。このように外呼吸の道具にも進化のあとがみてとれる。

地球史上最大の生物絶滅を招いた二億五〇〇〇万年前のP/T境界以降、大気中および海洋中の酸素濃度は一気に低下した。これ以降の三畳紀からジュラ紀後期に至る約一億年間は、事件直後の二〇〇〇万年にわたる「無酸素」時代を除けば、大気中酸素濃度は一〇%をわずかに超える程度に推移していた。現在、わたしたちが呼吸している酸素濃度の二分の一ということである。

二億三〇〇〇万年前、三畳紀後期に入ると哺乳類型は虫類に代わり、陸上にはとてつもない大型動物が突然、現れた。恐竜である。恐竜はこのような「低酸素」環境で登場したのである。以降、一億六〇〇〇万年にわたり恐竜の時代が続く。

スーパーサウルス。全長三三メートル、体重四〇トン。植物を食べ、その量、一日五〇〇トン。この体重を支えるためのエネルギーを食料からどのように引き出していたのか。しかも酸素濃度が現在の平地の半分で、である。

この濃度はモンブランの頂上（四八〇七メートル）に相当する。おまけに、鼻や口から肺まで一二メートルにもおよぶ、ガス交換にまったく役立たない「死腔《しくう》」を抱えていた。つぎに解説する低酸素関連蛋白の活躍だけでは到底、疑問の説明にはならない。一つの、そして大きなヒントが、鳥類の「つねに酸素を呼吸する」気嚢《きのう》システムである。話はここで鳥の呼吸システムに移る。

鳥類の秘密――気嚢

アネハヅルという渡り鳥は、ヒマラヤ越えのために上空八〇〇〇メートル以上を、数千キロにわたり途中で休むこともなく飛びつづける。とてもほかの動物にはできない。上昇気流の助けを借りているとはいえ、どうやって高高度の低酸素に耐え、一度も休むことなく飛びつづけられるのだろうか。

別の鳥で飛行中のエネルギー消費量を測った研究がある。六〇〇キロもの長旅の前後で、水素と酸素それぞれの同位体を含む二重標識水法を使ってエネルギー消費量を測定してみた。それによると、飛行中のエネルギー消費量は、中継地で消費したエネルギー総量のなんと二分の一にしかすぎなかった。休んでいるときのほうがエネルギーを使っているという信じられないデータが、二〇〇三年『ネイチャー』誌に発表された。

鳥類は「V字編隊」を組んで飛ぶことで空気抵抗力を減らして、エネルギーを節約してい

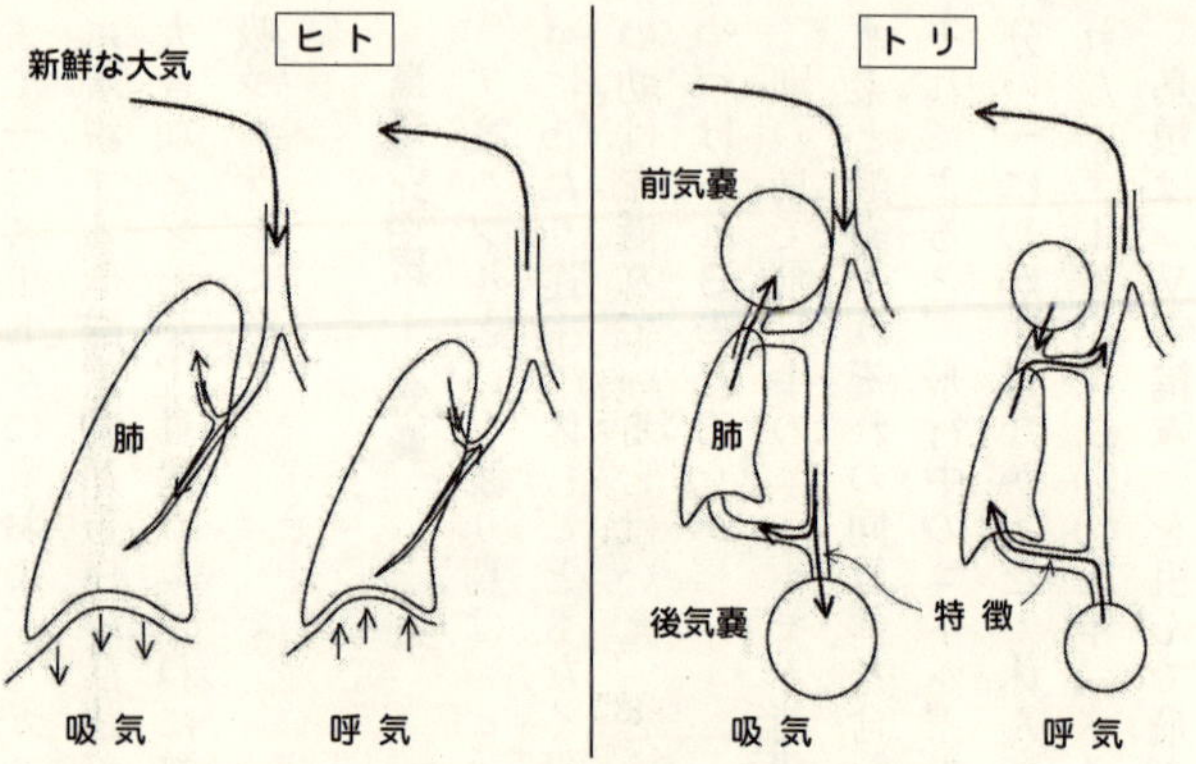

図5－4　鳥類の呼吸法に学ぶ　鳥類は息を吸うときも吐くときも、つねに肺でガス交換（酸素が血液中の赤血球に吸収される）をおこなっている。それは、大気ガスを肺のほかに気嚢に溜めておくことができるからである。

るらしい。編隊を組んで飛行すると必要なエネルギーが一一～一四％少なくてすむ。鳥類は同じ大きさの哺乳類に比べて、たとえば海面では酸素の取り込み効率が三〇％高く、二七五〇メートルの高度では三倍も多い。

鳥類の呼吸法を明らかにする前に、わたしたちの肺呼吸についておさらいをしてみよう。

陸上にいる脊椎動物は、大気中の空気を鼻や口から吸って肺を膨らまし、つぎに肺をすぼめて息を吐き出す。息を吸うとき呼吸筋と横隔膜とが収縮し、胸郭が拡がって一回の換気量が増える。鼻や口から入った空気は気管、気管支を通り抜け、肺の末端の肺胞まで進む。肺胞の周囲は毛細血管が張り巡らされており、吸入した新鮮な空気中の酸素が毛細血管中を流れる赤血球に取り込まれていく。同時に血液中の二酸化炭素が肺胞内へ拡散してくる。そして、呼吸筋と横隔膜とが緩んで肺内の空気が外に出ていく。肺で酸素化された血液は、からだが置かれたそのときそのときの状態に応じて心臓から各組織へ適切な量が分配されていく。

肺呼吸で、鳥類がほかの脊椎動物とちがう点は、わたしたちは息を吸ったときだけ肺へ新鮮な空気が取り込まれるが、鳥類では吸気時も息を吐くときもいつも肺で酸素交換がおこなわれることである。その効率性の秘密は肺の周囲にある空気を溜め込む袋（気嚢）にある（図5－4）。

五対の気嚢が肺とつながっている。肺の前に三対、後に二対ある。気嚢は呼吸するたびに「ふいご」のように伸びたり縮んだりする。肺はもっぱらガス交換に使われる。息を吸うと大気は肺に入る前に後気嚢に取り込まれ、溜められる。同時に、後気嚢内にすでに溜まっていた新鮮な空気が肺へ送られる。このとき、ほかの肺呼吸をする動物とちがって肺を通過した空気は前気嚢に集められる。だから、前気嚢内には二酸化炭素の多い空気が含まれることになる。息を吐くとき、後気嚢に溜まった新鮮な大気が肺を通過する。同時に前気嚢内の空気が吐き出される。ところが、ほかの脊椎動物の肺では空気が往復運動することになるから、肺胞には古い空気が残る。結局、肺によるガス交換は新鮮な空気と古い空気とが混ざり合っておこなわれる。

効率的な気嚢という外呼吸システムを備えた鳥類は、実は恐竜の子孫であることが有力視されている。鳥の骨は、ハスのように穴があいており、また細い管状の空洞をもっている(含気骨《がんきこつ》)。気嚢が延びて骨のなかにせり出しているのだ。気嚢を最大限に使うためにこのような解剖的特徴をもっているらしい。恐竜の骨にも鳥の含気骨と同じような構造がある。とすると、恐竜も気嚢を呼吸器官としていたことは容易に想像できる。

3 低酸素を感知する

気泡を細菌の近くに置く。すると、細菌は遠ざかるか気泡めがけて近づいてくる。細菌が酸素を感知しているのだ。このセンサーはヘム蛋白質という特殊な蛋白質で、ヘムという非蛋白性部分に鉄原子をもっている。この鉄に酸素がつく。だから、酸素が不足してヘム鉄に結合する割合が下がれば、外界は低酸素であると生体は判断しやすい。土のなかにいる線虫という一ミリメートルくらいの虫にもちゃんと好みの酸素濃度がある。やはりヘム蛋白質がセンサーとなっている。酵母もそうだ。ヒトなどの哺乳動物ではヘムが酸素感知装置の有力候補ではあったが、どうもちがうようだ。

酸素がないと生活できない生物、反対に酸素にきわめて鋭敏で酸素があると生きられない生物にも酸素感知器が備わっている。ちゃっかりした微生物がいる。前述した、酸素があってもなくてもどちらでも生きられる通性嫌気性細菌だ。動物の腸内に常在する大腸菌や水溜まりの汚泥に棲む紅色細菌などがその例である。彼らは酸素がない所では光合成や嫌気的な代謝経路でエネルギーをつくる。酸素濃度を感知して「低酸素」と判断すれば、光化学系の蛋白質群をつくり葉緑体を生成したりして光合成の準備をする。また、嫌気的代謝に関係した種々の酵素をつくりだす。反対に外界の酸素濃度が高いとわかれば、好気的代謝に関わる酵素群をたくさん産生したりする。実に頭がイイ。この切り替えには当然のこと、酸素がどのくらいあるのか把握している。

転写する

ふだん、酸素を呼吸する細胞に酸素がまったく届かなければ、その細胞は死んでしまう。少しだけ酸素が供給されるとき、そこでは生き残り作戦が展開される。酸素分圧が下がるとさまざまな適応反応がおき、酸素を少しでも取り入れようとする。バスを追いかけて無我夢中で走るときを想像すればわかる。あるいは、バスどころか自分の命を賭《と》すとき必死で走る。呼吸は速く、脈も早鐘のように打ちつづける。バスになんとか間に合ってもしばらく呼吸はゼエゼエしたままだ。

これが一つ一つの細胞ではどんなことになっているのだろう。細胞も「息遣いが荒く」なっているのだろうか。結局、酸素が不足してもっとも困ることは「エネルギーをうまくつくることができない」点だ。だから、ひたすら酸素を少しでも取り入れ、酸素の消費を抑えようとする反応が細胞内でおきる。まさに、「源を開き　流れを節《せっ》す」。

これらの適応反応は関係する蛋白質をつくることにより実現される。それらの蛋白質をつくるには、その「青写真」となる遺伝子にスイッチを入れ、蛋白質をつくれという指令が必要となる。なぜなら、それらの遺伝子はふつういつも眠っているからだ。そのスイッチの役割を果たすのが転写因子という蛋白質である。低酸素に適応するための幾多の遺伝子に活を入れる転写因子をＨＩＦ－１（hypoxia inducible factor 1 の略）という。ヒトの酸素センサーの話をする前にＨＩＦ－１について理解を深めよう。このほうが近道だ。

ある環境下で、ある蛋白質が必要になると、生体はまず、その蛋白質をコードする（設計図をもつ）遺伝子をＤＮＡ上の数ある遺伝子のなかから選び、「発現」させる。細胞核のなかで目指す遺伝子を見つけ、それを目覚めさせるのが転写因子という蛋白質の役割だ。つまり、転写因子が細胞核のＤＮＡ上にある標的遺伝子に結合し、遺伝子が転写されていく。こ

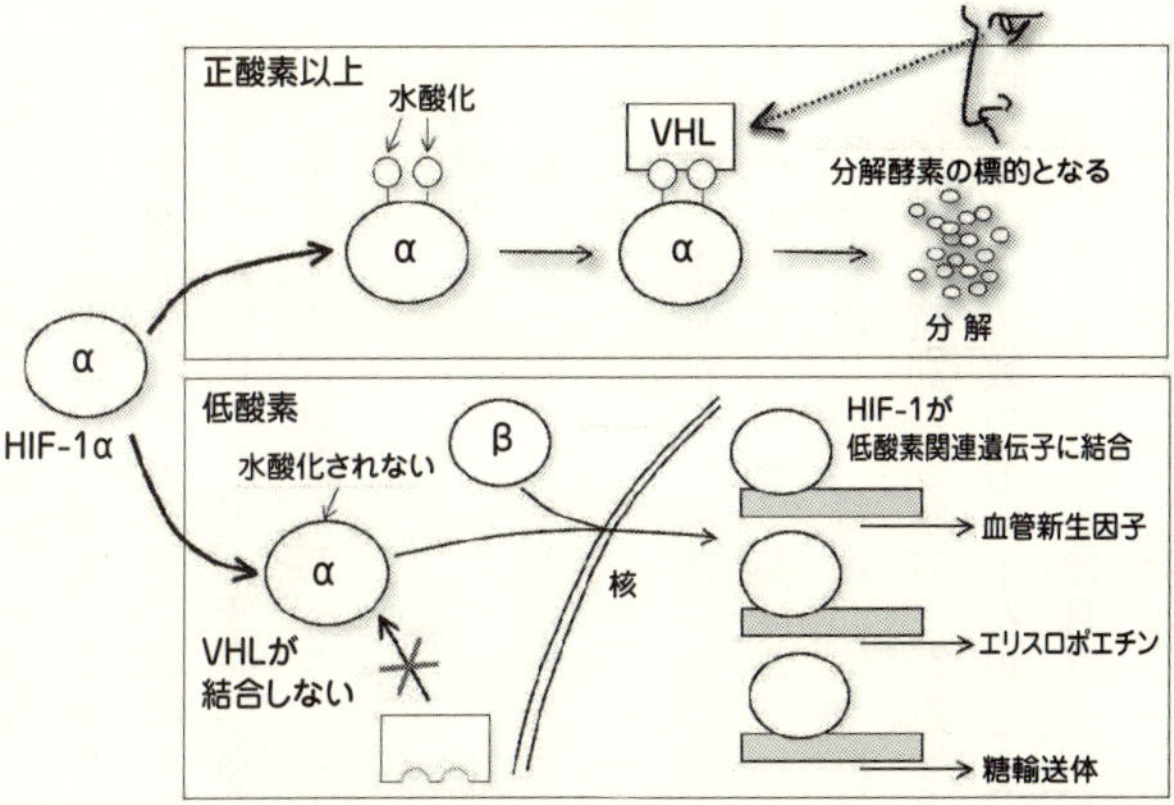

図5－5　司令塔 HIF-1は酸素が少ないほど安定する　低酸素に適応するための蛋白質は、HIF-1が指令を出して初めてつくられる。その HIF-1は低酸素であるときだけ分解されずに安定していられる。酸素があると HIF-1を分解せよ、という印（VHL）が付いてしまう。

の過程がなければ蛋白質はできない。どの蛋白質はどの転写因子で発現誘導されるか、ということが決まっている。

そして、その標的遺伝子から設計図がコピーされる。その設計図に基づいてアミノ酸が順次配列されて標的蛋白質ができていく。結局、動物が酸素濃度を感知する最大の理由は、転写因子ＨＩＦ－１を活性化するためだ。なぜＨＩＦ－１を活性化するのか。それによって酸素が不足する状況を乗り越えるために、いろいろなはたらきをもった蛋白質をつくるためである（図５－５）。酸素センサーが「酸素が少ない」という信号をキャッチし、なんらかの形で転写因子ＨＩＦ－１にその情報が伝達され、一群の遺伝子が発現していく。

低酸素に関連した遺伝子が発現、転写され、その結果できる蛋白質は具体的につぎの役割をもつ。酸素運搬役の赤血球を増やし、赤血球の運搬路をつくり整備して道幅を拡げ、糖を細胞内へ運ぶ荷役を増やし、解糖系の酵素活性を高めエネルギー産生を増やし、生成したエネルギーをATPに確実に変換し熱として逃がさないなどだ。生体は低酸素を感知するとHIF－1がすぐに動き出し、これらの反応に必要な蛋白質をつくる。

酸素感知器

HIF－1の秘策をまとめてみる。実に芸が細かい。その仕組みを知るとき、精巧さに驚嘆してしまう。

その一。細胞がその周囲の低酸素を感知して動き出す遺伝子群は、たった一つのHIF－1というスイッチに信号が灯ることで一斉に動き出す。HIF－1はいくつもある低酸素関連遺伝子に共通した「特定部位」に結合する。すなわち、各遺伝子の特定部位にはHIF－1と結合する特別の「暗号」が刻まれており、HIF－1がマスターキーとなって、それらの眠っている複数の遺伝子を起こすのだ。このとき、「山」と「川」という具合に暗号がたがいに呼応すると遺伝子は目覚め、蛋白質をつくりだす。「川」にあたる低酸素関連遺伝子側の暗号（低酸素応答配列）はACGTGという塩基配列になっている（A＝アデニン、C＝

シトシン、G＝グアニン、T＝チミン）。

秘策の二番目。転写因子はむやみに作動しない。活性化するには幾重にもカラクリが控えている。HIF－1はαとβの二つのサブユニットでできている。HIF－1αが低酸素状態で活性化して核のなかへ移り、HIF－1βと結合して初めて転写因子としてはたらきだす。

三つ目のカラクリ。HIF－1αは酸素があると壊れてしまう。低酸素だと壊れない。ふだんはHIF－1αに水酸化プロリンという「印」がついていて、この「印」を認識した蛋白分解機構がHIF－1αをバラバラにしてしまう（図5－5参照）。当然、HIF－1のαサブユニットはβのそれと結合するはずもなく、HIF－1による低酸素関連遺伝子の転写などおきない。細胞の周りが低酸素になると、この「印」がつかない。つまり、酸素があるときのみ「プロリンを水酸化した」という烙印がHIF－1に押される。ということは、HIF－1のプロリンを水酸化する酵素が低酸素を感知することに関わっていることになる。

話を分かりやすくするために、「印」を一つとして説明した。実際には、酸素があるときにHIF－1αに一番目の印――水酸化プロリン――がつく。この印を目当てに別の二番目の印――VHL蛋白――がつく（VHLとはvon Hippel-Lindeau病から得た名称）。その目印を認識した破壊屋がHIF－1αを分解する。

ＨＩＦ－１による遺伝子誘導とその結果できる蛋白質は、腫瘍が勢いを増して大きくなったり、腫瘍を養う栄養血管をつくったりするのに必要な蛋白質でもある。酸素の話が腫瘍の発生と進展に結びつくという、驚くべき展開になってしまう。

哺乳動物の酸素感知器についてはほぼ確定した。ようやくにしてという感がある。細胞周囲の酸素濃度が低下したという情報を感知する「何者か」が、鉄配位子であることは間違いないと当初いわれてきた。ヘム鉄に結合する酸素の度合いでヘムの形が変わり、これをなんらかの方法でＨＩＦ－１が読みとるか、ヘムが別の物質を介在役にしてＨＩＦ－１を活性化するという二通りのシナリオが考えられた。

だが、ハードルは意外にも高かった。長い間にわたり有力な手がかりがいくつも寄せられたが、ヘム蛋白質を欠損させたり、その作用を抑制したりした実験で矛盾が露呈し、暗礁に乗り上げてしまった。結局、ヘム蛋白質は哺乳類の酸素感知器ではないと結論づけられた。

ブレークスルー

ブレークスルーは二〇〇一年、酸素がふつうにあるとき（正酸素）にＶＨＬという蛋白質が、ＨＩＦ－１αのある特定のアミノ酸の水酸化を認識するという発見だった（図５－５参照）。つまり、ＨＩＦ－１αの酸素依存性分解ドメインという場所でプロリンが水酸化プロリンになることが、「酸素濃度は低くない」という情報になる。これにＶＨＬ蛋白質がくっつくのだ。

プロリンを水酸化プロリンに代謝するプロリン水酸化酵素が低酸素反応経路に組み込まれており、組織が酸素をどれだけ利用できるかということがこの酵素活性を規定していると思われる。このため、この酵素こそ本当の意味での酸素感知器であるらしい。

血流がすこぶる豊富な腫瘍がある。共通して*ＶＨＬ*遺伝子異常をおこしている。網膜の血管腫、脳の神経膠芽《こうが》細胞腫、腎細胞癌、そして副腎にできる褐色細胞腫などがそうだ。当初、腫瘍内部で酸素が少なくなり、この刺激を受けて腫瘍細胞からＨＩＦ－１αが分泌され、腫瘍の栄養を支援する補給路、すなわち血管をたくさんつくるための遺伝子が目を覚まし、盛んに血管ができるというストーリーが考えられた。しかし、これらの腫瘍細胞は、ふつうに酸素があってもＨＩＦ－１αが安定して分泌され、血管新生が盛んなのである。酸素感知器のヒントはここにあった。

ＶＨＬ蛋白はＨＩＦ－１αの水酸化されたプロリンと結合し、これが目印となって蛋白分解の標的となり、プロテアゾームという酵素でＨＩＦ－１αが壊されてしまう。ＶＨＬ蛋白がまともにできない***ＶＨＬ***遺伝子異常では、酸素濃度にかかわらずＨＩＦ－１αは分解されずに安定して蓄積されるため、血管新生が盛んにおきる。先の腫瘍はこのメカニズムにより血管が豊富なのである。

第六章

酸素濃度は どう変わってきたのか

岩のガレ場を行く　ペルー・ブランカ山群、1979年８月撮影

1　地球初期、ゼロから出発

二七億年前にシアノバクテリアが登場して以来、酸素ガスが放出されはじめた。それまで酸素は酸素分子でなく化合物中の構成成分にすぎなかった。それがガス状分子となって大気や海水中を自由に浮遊するようになった。

当初、酸素は生物がエネルギーを効率よくつくる支援者ではなく、負の部分だけが目立った。それもそのはず。生物といえば、海洋中に棲息する嫌気性細菌だけだった。酸素ガスなどと付き合いのなかった、酸素を苦手とする「嫌気性」生物はまったく新しい事態に混乱した。初期微生物は酸素ほどに強力な酸化物質などに接したことなどなかったのである。生命が誕生してから八億年もの間、地球世界は酸素ガスとは無縁だった。

酸素はガス状分子だから、微生物の金城《きんじょう》鉄壁《てっぺき》な細胞壁や、細胞膜にも浸透していく。強い紫外線のもと、酸素は酸化力の強い活性酸素となって微生物のからだを破壊していった。海底には彼らの死骸と残骸が累々と堆積し、メタンガスをはじめとした化石燃料となって蓄積されていった。シアノバクテリア自身だって、酸素をつくりはじめの段階では活性酸素を消去する酵素をもち得なかったにちがいない。

もともと深海の酸素のない環境で棲息していた細菌を別にすれば、化学的に独立栄養で暮らしていた細菌群は、酸素分子の届かない所へ追いやられていった。あるいは堆積物中に埋もれて避難したにちがいない。これらの細菌群のなかから、やがて酸素ガスに適応し酸素呼吸をする生物が誕生していくのだが、それにはさらに数億年以上を要した。彼らはそれまで、密かに酸素の届かない所に身を潜め、満を持していた。

酸素をつくるシアノバクテリア

海洋中で生まれたシアノバクテリアは、早い時期に浅い海から水際、さらに陸上へと進出していった。光合成によりその副産物の酸素ガスは放出されつづけたが、一向に大気中の酸素濃度が上がる気配はなかった。地質学および地球化学上のデータから、二四億五〇〇〇万年前より前には、大気中に窒素や二酸化炭素、水蒸気はあるものの、分子状の酸素はほとんどなかった。大気中に酸素ガスがようやく認められるようになったのは二三億二〇〇〇万年前になってからだ。そして、その一億年後、現在の大気中濃度の一〇万分の一をやっと超えた（カラー口絵②参照）。シアノバクテリアが誕生してから五億年も経過してである。

なぜにかくも酸素ガスが増えるのに長い時間を要したのだろうか。地球表層部分と全世界の海洋に酸素ガスを充満させるには、莫大な酸素量がいることは想像に難くない。そうではあっても、五億年といえば、脊索《せきさく》をもったわたしたちの祖先が海洋中に出現してから今日までの時間にも匹敵する。相当な理由があるにちがいない。それは酸素がつくられる端からどんどん消費されてしまったか、光合成そのものが停滞したかのどちらかである。

酸素はどこへ

南アフリカのカラハリ。ここに年間産出量三〇〇〇万トンという世界最大の鉄鉱山がある。鉄ばかりでなく、マンガンの採掘場もある。ここの地層は二二億年前にできた。世界に埋蔵されている鉄の半分はこの頃に堆積したもので、二〇％が六億年前に海底に積もった。

鉄とマンガンとでは鉄のほうが電子を放出しやすい。そのため鉄がまず、酸化される。鉄が酸化され尽くしたあと、マンガンが酸化されて沈澱していく。カラハリでは全世界の消費量の八〇％もの大量のマンガンを産している。これだけ莫大なマンガンまでも酸化され尽くすには、二二億年前に相当量の酸素が放出されていたにちがいない。シアノバクテリアが放出した大半の酸素が鉄とマンガンとに反応し、余剰分がようやく二二億年前頃から増えてきたということだ。

地球の中心部に鉄が五倍増えたり減ったりすることで、大気中酸素の増加現象が一億年以上遅れたり進んだりしただろうと推定されている。二二億年前以前に、大気中酸素濃度が足踏みした理由の第一だ。

遡れば、鉄は地球誕生時、隕石の衝突により地球の地殻にばらまかれた。鉄は重いから地球の中心部に沈み、内部の熱で溶かされ、そこで対流している。そのことで電流が発生し地球磁気がはたらく。

大陸に散在する鉄は風によって海洋へ運ばれ、海洋中の鉄とともに酸化鉄となり、海底に沈む。子供の頃、砂場で磁石を使って「砂鉄」を採ったことを覚えているだろう。砂漠には鉄がかなりの量、埋蔵されている。それが風によって海に運ばれる。太古の時代、海底に沈んだはずの大量の鉄鉱石が今日、陸の地層となって見つかる。地層として産する鉄鉱石は規則正しい縞模様をもつことから「縞《しま》状鉄鉱層」と呼ばれる（カラー口絵④参照）。鉄鉱物が目立つ層とシリカが豊富な層とがリズミカルに堆積している。

酸素ガスの発生と大気中酸素濃度の上昇とのタイムラグについての二つ目の理由。酸素の消費という面からは、シアノバクテリアが産生した酸素がすばやく、ほかに豊富にある元素、たとえば水素や炭素と反応し、消費されてしまったことが考えられる。たとえば、火山から噴出された上昇流中のガスが酸素ガスをとらえ、消費してしまうことなどである。

理由の三番目。光合成を停滞させた出来事について考えてみよう。まずはシアノバクテリアの栄養障害。海洋中の鉄やリンは植物性プランクトンや藻類の栄養分となり、光合成生物の発育、ひいては地球上の酸素ガス量に影響する。当時、海水に溶けていたリン酸塩は現在の一〇分の一〜四分の一にすぎなかった。リンは鉄が酸化され堆積するとき、同時に吸着されてしまう。一九億年前以前、酸化鉄に大量のリンが吸着し、そのためにシアノバクテリアなどの微生物が栄養障害を受け、生育が妨げられた可能性がある。この結果、始生代後期から原生代初期に大気中の酸素濃度が上がらなかったのかもしれない。

これらの要因は単一でなく、輻輳《ふくそう》しながらはたらいたのだろう。しかし本当にこれらの要因だけであったのだろうか。酸素ガスが発生してから五億年もの間、それも明らかに酸素濃度が上がるときを待てば、七億年もの間、シアノバクテリアの生物活動が実質的に封じられてきたことがなにか解せない。シアノバクテリアそれ自身に、なにか打撃となるような地球規模での出来事があったのだろうか。そこで地球が丸ごと凍りついた事件を紹介する。

地球が凍る、メタンが燃える

南アフリカの隣国、ナミビア。一九九八年、世界の地質関係者をアッと驚かせる写真が発表された（図6－1）。八億年～六億年前の地層に直径一メートルほどのまったく別の岩が入り込んだ写真だ。これは中に閉じ込められた岩が氷河上を移動し、氷解とともに当時の海底へ転げ落ちた石である。その上に当時の海洋生物の死骸や火山灰、大陸から運ばれた砂などがかぶさり地層となった。このような異質な侵入者である「迷子《まいご》石《いし》」は、二四億年～二二億年前の地層中からも世界中七カ所でバラバラに見つかっている。

図6－1　地球が凍りついた証拠——迷子石　かつて、氷河上の岩石が海底の地層に迷い込み埋没した（『NHKスペシャル　地球大進化　2　全球凍結』より引用）。

地磁気を利用した詳細な研究から、氷河は赤道付近にも存在していたことがわかっている。つまり、地球全体が二四億年～二二億年前と、八億年～六億年前の二回にわたり凍りついていたと推測される。もし、全球凍結がおきていたとすると、海洋も大陸もそれぞれ一〇〇〇メートル単位の分厚い氷で覆われ、太陽光線は光合成細菌にまで届かず、シアノバクテリアは死滅したにちがいない。

有機物を他者へ分配する光合成細菌が死滅すれば、連鎖的に有機物に依存する生物も死に絶える。このことは、氷河の年代前後の、生物活動による有機炭素と火山活動による無機炭素との比率から裏付けられている。ただ、遺伝子分析から、生物はこれまで一度として死に絶えたことはないのもわかっているので、全球凍結がおきていたとしても、生物は地球上のどこかでヒッソリと棲息していたはずである。たとえば、熱水が湧き出る温泉地とか深海の熱水噴出孔周辺において。

全球凍結と酸素ガスとの関係できわめておもしろいシナリオが想定されている。当時の地球の気温は平均一五℃。大気温がある一定に保たれているのは地球表層を水蒸気や二酸化炭素、メタンなどが毛布のように覆っているからである。とすると、当時の大気温を保っていたメタンガスが酸素により酸化消費されてしまったとしたら、地球は凍りついただろうとの説は当然至極となる。

当時、二酸化炭素濃度は現在の一〇〇倍。メタンガスは五〇〇倍。メタンガスの温室効果は二酸化炭素のそれの二〇倍もある。当時はメタン細菌も繁栄していたし、火山活動によるメタンガスの排出も盛んにおこなわれていた。メタンの温室効果が前面に出ると、その分、二酸化炭素によるその効果は少なくなる。シアノバクテリアが産生する酸素がメタンガスを酸化、消失させたとすると大気温は急激に低下していったにちがいない。その結果、地球は凍りついてしまった。この間、太陽光は氷によって反射され、北極や南極はマイナス八〇℃、赤道でもマイナス五〇℃にもなった。

氷解のシナリオ

全球凍結の時間、七〇〇〇万年。二酸化炭素は海洋から吸収されず、シアノバクテリアにより消費もされずに蓄積される一方であった。そのため、今度は地球を取り巻く温度が極度に上昇していった。その温度、五〇℃。全球が凍結してから七〇〇〇万年後、大気の二酸化炭素は〇・六気圧、現在の約一五〇〇倍にもなり、地球をフリーズさせた氷を溶かしはじめた。

全球氷解後の海洋環境を再現するとこうだ。高濃度の二酸化炭素ガスにより海面温度は高く、上昇気流が大気を巻き込んで渦をつくり、超巨大な熱帯低気圧となって海上は大暴風に見舞われた。それまで海水の循環が途絶えていた海洋は一気にかき回され、海底に沈滞していた大量の鉱物が海洋表層に巻き上げられ、光合成生物たちの恵みの栄養となった。

もう一つの可能性はこうである。光合成により水は酸素と水素とに分解される。メタン細菌は、この水素と外界の二酸化炭素とを利用してメタンガスをつくった。豊富なメタンガスは大気上層にまで達し、紫外線によって分解され、遊離した水素のみが宇宙空間へ逃げていった。とどのつまり、水の片割れの酸素だけが地球大気に残った。その結果、大気中酸素濃度が上昇していったと推測される。先のメタンガスが酸素ガスによって酸化・消失される理論とは結果的に相反することになる。

二度の上昇

シアノバクテリアはこれらの艱難辛苦《かんなんしんく》をくぐり抜け、大気中酸素濃度の上昇に貢献した。地球大気の酸素濃度はこれまで二度にわたり、急上昇した。今からおよそ二〇億年前と六億年前だ。これらの時期、生物は大きく進化した。約二〇億年前に真核細胞が生まれた。六億年前には大型生物が爆発的に増え、現在の後生《こうせい》動物の礎《いしずえ》を築いた。いずれも全球凍結があったとされる後におきている。二つの時期ともに、植物が陸上で森林をつくり繁栄する以前だから、もっぱら酸素をつくっていたのはシアノバクテリアと藻類で、これらの生物が二つの時期に大繁殖したと想像できる。

2　一気に上昇する

大気中酸素濃度が二度目に上昇したのが八億年〜五億八〇〇〇万年前。大型動物が現れる前からその最中にかけてだ。この頃の地球環境を紹介しよう。

最古の真核多細胞生物がカナダの地層から発見されている。現在の紅藻に似た藻類化石だ。年代は原生代中期（一二億五〇〇〇万年～九億五〇〇〇万年前）。一〇億年前以降の地層からは小さな動物が這いまわった化石が見つかっている。このことは真核生物のなかでも大きな多細胞動物、すなわち「後生動物」の祖先が当時、台頭していたことを示す。

陸を目指せ

七億五〇〇〇万年前、陸地面積が増えた。これより以前、大陸はわずか五％程度しかなかった。それが七億五〇〇〇万年前に海水がマントルへ注入されはじめ、海水量が減ったため陸地面積が三〇％に増えた。陸地が増えてどうなったか。千山万水《せんざんばんすい》。山間に雨水が集まり、大きな河川がおのずとできた。それによって大陸表層は削られ、大量の堆積物が海へ運ばれた。そして、海底に大量の堆積岩ができた。

大陸をつくる岩石はナトリウムイオンを非常に多く含んでいる。河川の形成が進んだ結果、大陸は浸食されナトリウムイオンは海洋へと注ぎ込まれ、すでに水に溶けていた塩素イオンと反応し塩分となった。しょっぱい海水が出現した。

動物の血液中の電解質組成がきわめて海水のそれに似ていることから、海水はよく血液にたとえられる。だから、生命が育まれた海の環境を血液はそのまま体内に保持しているとも聞く。しかし実際には、現在の海水のナトリウムやクロールの含有率は、生命が誕生する前、初めて海ができた四〇億年〜三八億年前とはちがっていた。同じ組成になったのは七億五〇〇〇万年前に遡る。七億五〇〇〇万年前よりも古い時代の海水はおもに二酸化炭素とメタンを溶解していたが、七億五〇〇〇万年前になると、おもに食塩を含むものに変化した。

このことは、生物にとってやっかいな出来事だった。海水が「塩水」となったため生物は打撃を受けた。ナメクジに塩をかけるとナメクジのからだから水分がぬけ、溶けたようになる。まさに青菜に塩。浸透圧が急激に上昇したために生物は脱水をおこし、死滅した。生物の死骸は酸化されずに大量の堆積物とともに海底に沈み、堆積岩のなかに埋まった。それらは今日、化石燃料として人の生活を支えるエネルギー源となっている。死骸をほかの生物が食べなければ酸素は消費されない。その結果、急速に大気中の酸素量が増えていった。「塩水」が出現したために、生物はまず河口へと移動し、その後、河川あるいは陸へと逃避しはじめた。

七億五〇〇〇万年前頃から急速に増加した酸素は大気圏の外へ漏れはじめ、四億五〇〇〇万年前にオゾン層ができた。これによって宇宙からの強い紫外線はさえぎられ、それまで水中から出ることができなかった生物は上陸の機会を窺うようになる。まずシダ植物を先頭に

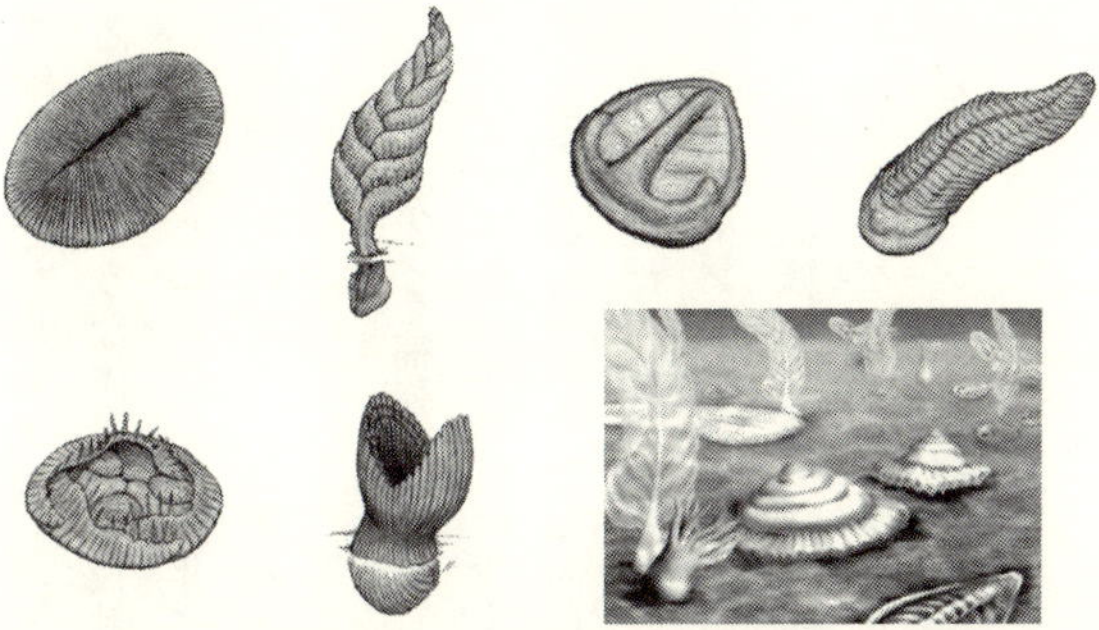

図6－2　エディアカラ群の生物たち　5億6000万年前に棲息。大きな表面積、柔らかくて薄いからだつきが特徴。

植物が、それを追いかけて昆虫や動物が陸上へと進出していった。

エディアカラ生物群の台頭

二回目の全球凍結が終わると大気中酸素濃度は飛躍的に上昇した。現在の一〇〇分の一～一〇分の一となった。時を同じくして大型生物が出現する。

六億年前頃から酸素を呼吸する多細胞生物が浅い海に出現するようになった。原生代末のベンド紀（約六億二〇〇〇万年～五億五〇〇〇万年前）にあたる。南オーストラリア州北部エディアカラ丘陵から重要な化石群が出てくる（図6－2）。オーストラリア、ロシアなど世界中の同じ頃の地層からも発見される。その数、一〇〇種類以上。

エディアカラ生物群の特徴は生物の体長と幅が増え、それでいて薄っぺらい、からだつきをしている点だ。

一メートルを超えるようなものも出現した。体内に大量の光合成藻類・光合成細菌・化学合成細菌などを共生させ、エネルギーを獲得する工夫をしていたらしい。左右対称の生物もいる。このような体型から長軸方向にそった神経系の中心、すなわち原始的な脊索が発達していったらしい。二〇〇三年にオーストラリアで発見された化石を分析すると、脊椎動物の祖先を思わせるような脊索をもっていたらしいことが推定される。

コラーゲンを補強する酸素

エディアカラ生物には骨も外殻もない。それなのに一メートル、二メートルと大きい生物がいる。からだを支える何らかの組織が、からだのなかに含まれていたはずである。それがコラーゲンだった。

コラーゲンは線維状の蛋白質で、ヒトのからだ全体の蛋白質の三分の一も占める。傷が治る過程で組織を立体的に骨組みをする「櫓《やぐら》」の役目をする。この線維を足場に細胞が増殖する。コラーゲンが橋ゲタのようにラセン形となってしっかりとした櫓を組むためには、ある特定のアミノ酸の構造変化（水酸化）が必要で、それに酸素分子が一役買っている。酸素分子によってプロリンとリジンとが水酸化され、ヒドロキシプロリンとヒドロキシリジンとになる。

ここからコラーゲンは、魔法にかかったように変化する。水酸基は親水性だから、ヒドロキシプロリンとヒドロキシリジンとが分子の外側に、グリシンは疎水性で分子の内側に位置し、これによってコラーゲンが三重ラセンの構造をとる（蛋白質はくっつきやすい疎水性基を内側に折りたたむようにして立体構造をとる）。だから、大気中に酸素が十分なければ強固なコラーゲンをつくれない。コラーゲンは二〇億年前にすでにつくられていた。それがエディアカラ生物群の出現時に一気に大量につくられるようになった。その背景こそ大気中酸素濃度の上昇なのである。

3　パスツール点に到達

カンブリアの大爆発

今から五億四〇〇〇万年前、大きな生物群の入れ替えがおきた。この時期は原生代ベンド紀－古生代カンブリア紀境界（V／C境界）にあたる。先カンブリア時代末に繁栄したエディアカラ型大型生物がいっせいに絶滅したあと、硬い骨格をもった新しい体型と体制の生物群が一気に登場した。

カンブリア紀（五億四五〇〇万〜五億年前）の前期、あるいは中期に大気中の酸素濃度は現

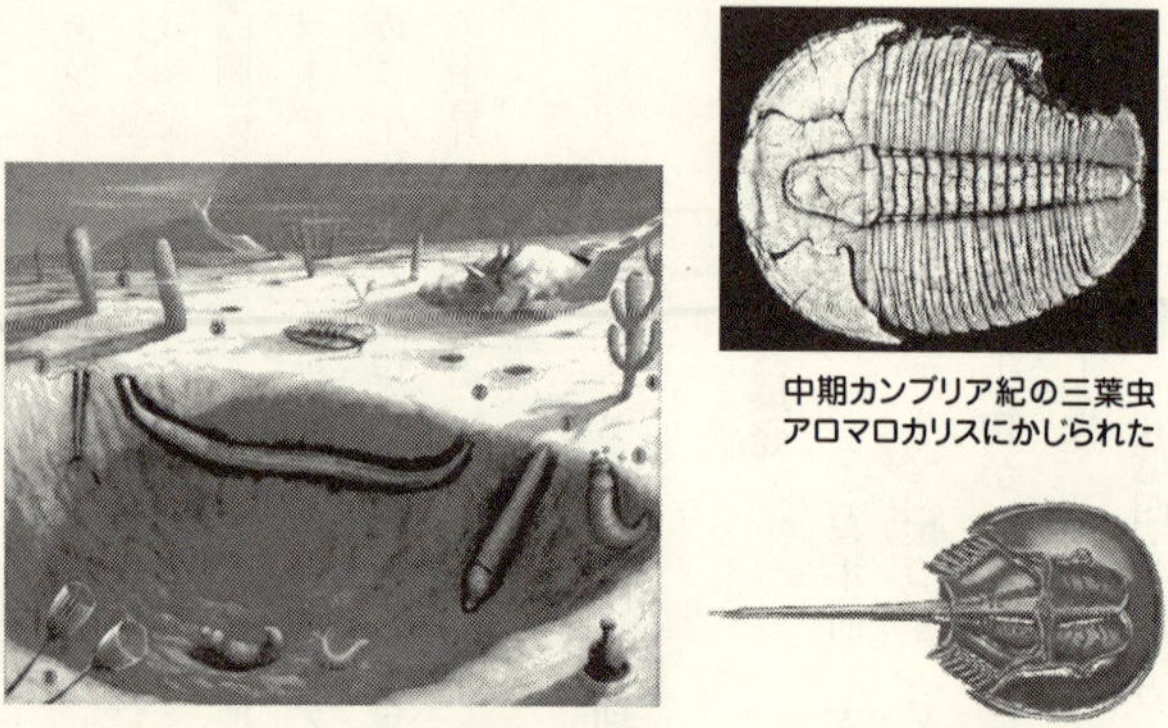

中期カンブリア紀の三葉虫
アロマロカリスにかじられた

堆積物中に棲む

現代に生き続けるカブトガニ

図6－3　カンブリアの大爆発　5億4500万年～5億年前にかけて、生物の大進化がおきた（左と右上：『カンブリア紀の怪物たち』講談社現代新書より引用。右下：http://www.ne.jp/asahi/k/m/sinka/taseibouseibutunohasei/taseibouseibutunohasei.htm より）。

在の約一〇分の一程度、つまりパスツール点にまで増えた。パスツール点とは、具体的には大気中の酸素濃度が一%のことだ。なぜ一%にこだわるのか。

デンプンに酵母を加える。すると、いわゆるアルコール発酵をおこす。デンプンがアルコールに変わるのだ。この反応は酸素濃度が一%以下のときに進行する。酸素濃度が一%を超えると「好気的代謝」が進み、デンプンは二酸化炭素と水になってしまう。デンプンはアルコールに代謝されるより、二酸化炭素と水に分解されるほうが一八倍も多くエネルギーを発生することができる。六億年前、酸素濃度は化学発酵をおこす限界点を超え、生物は酸素を本格的に利用してエネルギーをつくることができるようになった。これにより

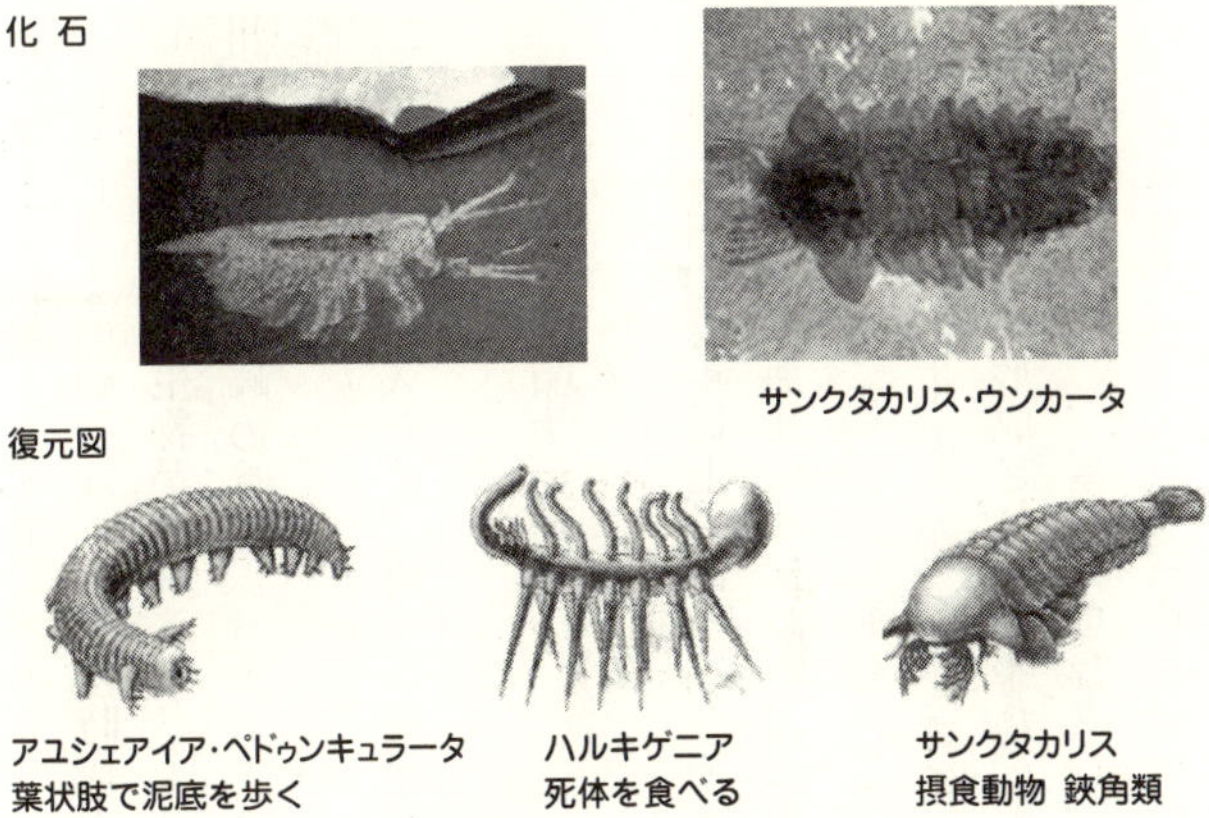

図6－4　バージェス動物群　http://www.ne.jp/asahi/k/m/sinka/taseibouseibutunohasei/taseibouseibutunohasei.htm より。

て生物は飛躍的に進化していった。

カンブリア紀の時期に一致して、現世の後生動物の分類群のほとんどが登場した（図6－3）。酸素濃度がこの段階に達して、細菌などの単細胞生物から多細胞生物への進化が進んだ。多細胞生物が爆発的に出現したのは、酸素をさらに利用することによりエネルギー代謝の効率が飛躍的によくなったからである。こうして多くの種類の新型生物が短期間に急激に出現した（カンブリアの大爆発）。奇妙な形をした生物が多数登場した。「進化の実験室」だったこの頃に登場したさまざまな形の生物のなかには、現在の無脊椎動物や脊椎動物の原型となる生物（節足動物、鰓《えら》曳《ひき》動物、海綿動物など）がいたと考えられる。カンブリア紀動物群の特徴の一つは、新しく出現した動物のグループに脊索をもった動物が含まれていることだ。

しかし多くの動物は、つぎの時代のオルドビス紀まで生き延びることができなかった。そしてまた新型の生物が現れる。バージェス動物群だ。カナダ、ブリティッシュ・コロンビア州のバージェス峠の頁岩《けつがん》（バージェス頁岩）から最初に発見されたのでこの名が付けられた（図6－4）。

生物は絶えて久しく、新しい種が数段飛躍するという繰り返しで進化してきた。

4　循環する鉄

今から四〇億年以上も前のことである。海底から熱水とともに硫化鉄鉱石が噴き出した。これらはやがて海底に堆積し、表面にハチの巣状の穴があいた。穴の直径は一ミリメートルの数百分の一。この穴が「細胞」となり、海底から噴出した熱水中の無機成分（たとえばアンモニアや一酸化炭素）が、硫化鉄鉱石のハチの巣状の小さい空洞に入り込み、硫化鉄によって有機分子が形成されていった。硫化鉄鉱石の「細胞」に閉じ込められた単純化合物は、やがて自己複製し、蛋白質を合成していった……。鉄が初期微生物に住処《すみか》とエネルギーを与えたとの学説が、二〇〇三年に提出された。

鉄の二つの顔

鉄ほどマクロの顔とミクロの顔をもって生物に貢献してきた元素はないだろう。鉄は金属だから硬くて重くて強い、そして錆びる。このことがすべてを物語っている。そして、鉄は電子とくっついたり離れたりする。このことが「錆び」と関係する。

鉄は重いゆえ、太陽よりも大きな星のなかでできる。それらの星が爆発し、あるいはこのときの高熱で核融合反応をおこしてできる。そうして生まれた鉄が地球形成時にわたしたちの星に届いた。また、重いゆえに鉄は地球芯部に沈み核をなした。地球の核は水のような鉄で満たされている。だから、鉄は地球に無尽蔵にある。

ヒトが鉄器時代を経て鉄鋼業を発達させてきた過程で利用した鉄は、大陸内のほんのわずかな量（鉄鉱石として約一兆トン超）にすぎない。ヒトは鉄のおかげで文明を発祥、飛躍させることができた。鉄なしに現在の生活は考えられない。ことに建造物と輸送、コミュニケーションの手段における鉄は、石油、石炭などの化石燃料とならび地球形成時の賜物《たまもの》である。これらは鉄のマクロの面を物語る。

一方、鉄は電子を授受することで生物体内のエネルギー代謝に関係してきた。これは鉄のミクロの側面である。このことは、鉄が酸素と結合して錆びるという特徴と関係する。鉄は錆びる、すなわち酸化されることで鉄鉱石という莫大な埋蔵鉄を残してきた。同時にこの特徴ゆえに、動物体内の酸素の運搬役を担ってきた。

鉄は生物個々の体内で酸素とエネルギー代謝に関わるが、地球全体で眺めると壮大な規模で酸素元素の循環に関わっているのだ。

鉄を酸素との関係で考えるとき、二つの側面からみるのが分かりやすい。ひとつは地球単位の鉄の循環で、もうひとつは体内におけるヘムという鉄錯《てっさく》化合物の存在だ。

エネルギーをつくっては取り出す

二七億年前に酸素が誕生して以来、生命圏は酸素と炭素の壮大な循環にあわせて生き長らえてきた。二つの元素は光合成生物を介して均衡を保ちながら循環している。これは地球の表層だけでなく、地球内部の活動を含めた「地球圏」でもおこなわれている。

「CO_2」は文字通り「C」と「O_2」とがくっついている。化学を知らない人は $C + O_2 \rightarrow CO_2$ と考える。それでもよい。またこの「CO_2」と、「O_2」の源になった「H_2O」とが反応すると糖ができる。式であらわすとつぎのようになる。

$$6CO_2 + 6H_2O \rightarrow 6O_2 + C_6H_{12}O_6$$

この式の意味は、無機炭素「CO_2」が「H_2O」の分解反応に取り込まれ、有機炭素「$C_6H_{12}O_6$」と「O_2」ができる、である。「$C_6H_{12}O_6$」は生物にとって二つの意味をもつ。まず、生命の基本であるＤＮＡの構成成分である糖。二番目に、生物は「$C_6H_{12}O_6$」を酸化させて、つまり右記の式の逆反応をおこなうことでエネルギーをつくってきた。だから、先の式の反応自体がなければ生命は存在しないし、生命の継続もできなかった。鉄は先の式の左辺から右辺への反応、すなわち「H_2O」を分解しエネルギーを生成する過程と、右辺から左辺への反応、すなわちエネルギーを取り出す過程の両方の反応に関与する。

鉄は酸素の循環に関わる

地球規模の酸素の「循環」に鉄は大いに関わる。それらの事象をみてみよう。おさらいにもなる。

①鉄は酸素と結合して酸化鉄になる。この基本的なことが地球初期におきた。すなわち、地殻形成後、冥王代や太古代前半の海水にはどの元素によっても酸化されたことのない還元鉄が溶けていた。そこに光合成の副産物である遊離酸素が放たれ、大量の酸化鉄が沈澱した。これら大量の鉄鉱石が現在、先カンブリア時代の地層から出てくる。これら

の「縞状鉄鉱層」（カラー口絵④参照）がもっとも多く堆積したのは二五億年〜二〇億年前のことである。

②海底をのせた硬い石の板、海洋プレートは大陸をのせたプレートの下に潜り、沈み込んでいく。この沈み込みとともに堆積岩もマントルへ下降していく。すると、堆積岩中の酸化鉄はマントル内に沈み、地球深くへと移動していく。深部に沈むほど鉄は熱せられて溶け、結合していた酸素が遊離する。やがて、マントル内の岩石は対流となって地球深部から今度は表層に向かう流れとなり、とうとう火山爆発となって、酸素を含んだガスはプレートを突き破り大気中に一気に排出される（図2－5参照）。

一方、大陸の一部を形成した鉄は風、とくに大きな砂漠地帯からの風により海洋に運ばれ、そこで酸素や二酸化炭素、硫黄などと反応して鉄鉱石として再び海底に沈む。

③地球表層から海洋深く海底堆積物に至るほど炭素濃度は高くなる。こうした地球大気と深海との間で二酸化炭素の濃度勾配が維持できるのは、植物性プランクトンがいるからだ（生物ポンプ。カラー口絵③参照）。一方、植物性プランクトンがつくるデンプンの量は海洋中の鉄含有量に相関する。鉄が植物性プランクトンの必須栄養素となっているのである。

植物性プランクトンは全世界でできるデンプン（有機炭素化合物）の半分を生成して

いるから、海洋中に供給される鉄こそ地球規模の炭素の循環に影響する（鉄仮説）。鉄は大気中でホコリと一緒になって、風に運ばれ、海中にもたらされる。突き詰めれば、鉄は大気中の酸素濃度および二酸化炭素濃度を左右する因子となり、さらに気候をも調節することになる。

④鉄は地殻中で四番目に豊富な元素である（酸素、ケイ素、アルミニウムについで多い）が、海洋中の鉄の濃度は低い（とくに外洋では低い）。このため海洋中の鉄の濃度が植物性プランクトンの生育や光合成活性の制限因子となっている。このことは大洋に鉄をばらまく実験によって実証された。

一九九七年、タスマニアのホバート沖二〇〇〇キロメートルの海洋で、八平方キロメートルの範囲に鉄八六六三キログラムを撒布《さんぷ》する実験がおこなわれた。鉄を海中に放り込んでから一三日たつと、一次生産、植物性プランクトン、おもに珪藻類の炭素や葉緑素量がゆっくりと増えてきた。実験終了時には植物性プランクトンの葉緑素は三倍に増え、その結果、光合成が進み、二酸化炭素量が大幅に減少した。三〇日後に、植物性プランクトンの増殖が人工衛星から観測されたのである。

第七章

酸素の毒性に
どうやって対抗するのか

旅は道連れ　ロバとともに　ペルー・ブランカ山群、1979年8月撮影

1　活性酸素とつきあう

紙は時間とともに黄色くなる。写真もそうだ。セピア色に変色する。日陰に保管しておいても、長年月のうちには酸化されてしまう。これは酸素の酸化力による作用である。これと同じ原理で、酸素は栄養素（のもつ水素）を酸化しエネルギーを引き出してくれる。酸化とは酸素の分子がほかの分子から電子を奪う現象である。

多くの生物は酸素の恩恵を受けてきた。しかも莫大な恩恵を。これからもそうだ。

しかし、この恩恵と引き替えに、生物は活性酸素という反応性の高い物質とつきあうことになった。活性酸素は、食物中の水素が酸素分子に渡されエネルギーができる電子伝達系の過程で、「必ず」発生する。活性酸素の酸化力は酸素分子どころではない。積極的に相手を酸化し破壊するのだ。

ヒトは一日七〇〇グラムの酸素を吸収し、そのうち九五％がミトコンドリア内で、からだ仕様のエネルギーATPをつくる過程で消費される。そして一～二%の酸素が電子伝達系で活性酸素に変わる。活性酸素は不対電子をもつためその片割れを求め、近くにいる分子から電子を奪おうと細胞のなかを駆けめぐる。

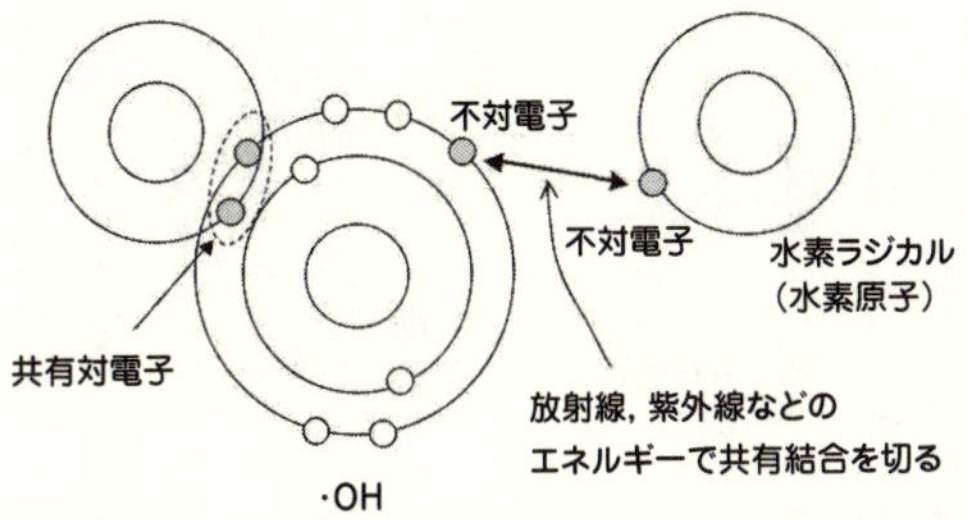

図7－1　水分子を切る　水分子は、1個の酸素原子と2個の水素原子とがそれぞれ共有結合でつながっている。酸素原子の外側の原子殻（L殻）にある2つの不対電子と、水素原子の1つの不対電子とが結合する。放射線によってこれらの結合を切ることができる。

原子とそれが結合した分子は、電子を二つの対でもつとき、安定する。酸素分子に限らず不対電子をもつ原子や分子は、ほかの物質から電子を奪う性質をもっている。これを「フリーラジカル」という。活性酸素はフリーラジカルの仲間だ。

たとえば水分子。熱でいくら熱しても酸素と水素原子との共有結合は解けない。この結合を放射線や紫外線で切ると、水素イオンと水酸イオンとができる（図7－1）。それぞれ不対電子をもち、安定をもとめてほかの電子と結合したがる。

細胞膜、蛋白質、脂質、DNAなどあらゆる分子がフリーラジカルの標的となり、自らの組織を破壊してしまう。最初のフリーラジカルは奪った電子で安定するが、代わりに電子を奪われた分子はパートナーの電子が足りなくなり不安定となる。こうして不対電子をもった分子は安定性をもとめ、つぎつぎに連鎖反応をおこしていく。

活性酸素は遺伝子を変異させる原因にもなりうる。それは活性酸素がDNAを損傷し、染色体末端のテロメアという構造を短くし、結果的に染色体同士が癒合するからだ。

寿命を延ばすために活性酸素を避けるのがよいこともわかってきた。活性酸素が悪いというよりも、生物がエネルギーを酸素に依存して産生するシステムを発達させた副作用ともいえる。

地球上に酸素が誕生して以来、好気性生物は酸素のもつ毒性とうまくつきあい、対抗手段を備えてきた。神機妙算《しんきみようさん》。生き物の知恵はすごい。その一つは、活性酸素を消去したり還元したりする蛋白質や、酸化作用を封鎖する蛋白質を合理的に系統だってつくるシステムを備えたことである。からだが酸化物に曝されると一斉に抗酸化反応がはたらき出す。

生物の知恵の二番目は、活性酸素の攻撃性を利用して外から生体に侵入を企《くわだ》てようとする微生物や異物をやっつけるシステムをもったことだ。斉紫《せいし》敗素《はいそ》。まさに、禍《わざわい》転じて福となす。病原微生物に対し、宿主は細胞膜で活性酸素をつくり、異物をバラバラに破壊する生体防御システムを整えた。ここまではなるほどそうかと思う。

話はさらにすごいことになる。それは、生物が活性酸素を自らの細胞内の仕事に利用するシステムを構築した点だ。生命活動は、外界の刺激をもとに必要な蛋白質をつくっては壊す作業の連続である。蛋白質をつくるには、細胞外の信号がＤＮＡのある核まで届かなくてはならない。この信号を運搬するのに活性酸素がはたらく。

2　ドッと酸素がやってくる

手や足の動脈が急に詰まったとしよう。筋肉は、血液が流れてこないためコチコチに硬くなる。このときの痛みは半端でない。

虎はわなにかかった足をひきちぎってでも逃げる。からだを守るため一部を犠牲にする。ところが閉塞《へいそく》した動脈の手足を守るため筋組織が腐らないように手術で動脈を開通させると、局所の「毒素」が全身にまわり、致命的な代謝疾患に発展してしまうことがある。最終的に呼吸不全や腎不全を引きおこす。この「毒素」とは、血液がうまく流れないために筋肉でできた壊死《えし》物質や代謝産物を指す。このなかに活性酸素が含まれる。

動物実験で小腸に栄養を供給する太い動脈を短時間だけ遮断してみる。しばらくしてこれを解除する。すると小腸から遠く離れた臓器、たとえば肺に強い炎症がおきて、最終的に多

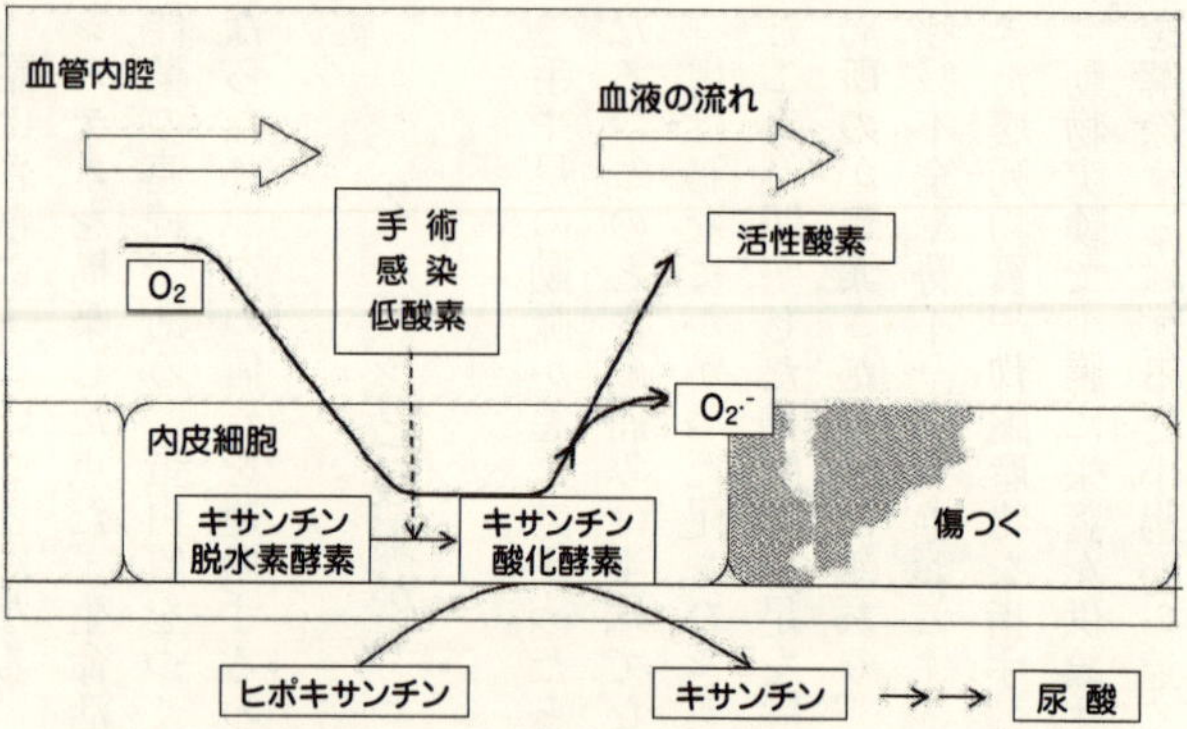

図7－2　活性酸素によって傷めつける　酸素がない所にドッと酸素が流れてくると、ヒポキサンチンが酸化されヒポキサンチンのもっている電子が酸素に渡される。その結果、活性酸素が発生する。活性酸素は周囲の組織を酸化し傷めつける。

くの臓器が不全状態となり重篤に陥る。これも血流を介して局所の「毒素」が全身にまわり、全身を傷害させる例だ。

からだの一部に、虚血《きょけつ》といって血液が行きわたらないで酸素不足の部分があるとする。まず、この組織のエネルギー事情を説明しよう。エネルギーの通貨であるATPは、ふつう、細胞内に十分に蓄えられているわけではない。消費されてはつねに補給され、枯渇しないように維持されている。供給源は糖や脂肪を燃やしてつくったATPである。とくに筋組織では、ATP以外にも高エネルギー化合物のクレアチンリン酸があって、少なくなったATPを補充している。酸素供給がまったく落ちてATPもクレアチンリン酸も底をつくようになると、ATPは代謝されつづけ、AMP（アデノシン一リン酸）を経由してヒポキサンチンにまで分解される。

さて、細胞内には、キサンチンとヒポキサンチンとを酸化するキサンチン脱水素酵素という酵素がある。この酵素はとくに小腸や肝臓に多い。ふだん、酸素があるときは脱水素酵素の形で存在するが、虚血などで酸素がなくなると酸化酵素に変換される（図7―2）。

このような虚血組織に突然、ドッと血液が流れてきたとする。すなわち酸素が突然、酸素不足の所におし寄せると、「毒」となる酸素フリーラジカルが発生し組織を傷めつけてしまう。すなわち、キサンチン酸化酵素によってヒポキサンチンはキサンチンを経て尿酸へと酸化・分解される。そして、つぎが重要な点だが、酸化反応は並行して必ず還元反応をともなう。この場合、何が還元されるかというと、血液とともに流入してきた酸素分子である。その結果、何がおきるか。

酸素が還元されて活性酸素の一種であるスーパーオキサイドができる。この後、二つのスーパーオキサイドから過酸化水素やヒドロキシラジカルなどの強力な別の活性酸素ができる。先の小腸の例で動脈の血流を抑えると、キサンチン酸化酵素が活性化されて遠く離れた臓器、たとえば肺へ到達する。そこでも同様のことがおきて、活性酸素が肺の血管をやっつける。これが「虚血・再灌流《かんりゅう》傷害」という現象である。

3 活性酸素を味方につける

さて、からだのなかで活性酸素が発生する場合が二つあることを知った。ひとつは栄養素が酸素で燃え、エネルギーができるとき、もうひとつは、いったん酸素がなくなった所へ酸素が供給されたときだ。いずれもからだを傷めつける。

さらにもうひとつ、活性酸素ができる場合がある。それは、からだを傷めるのでなく守ってくれる。

慢性肉芽腫症の秘密

幼少の頃から細菌や真菌にかかりやすく、また治りにくい重い慢性の炎症性疾患がある。しかも遺伝性におきる。肉芽《にくげ》といって、怪我したあと傷口が赤くブヨブヨした盛り上がった組織で覆われることがある。赤くて触ると血が出やすい肉芽は順調な経過をたどっている証拠で、色が悪く汚い分泌物をともなった肉芽は傷の治りが悪い。からだのどこでも微生物が侵入した場所で不良肉芽ができるのが慢性肉芽腫症という病気だ。この病気こそ、活性酸素がからだを微生物から守っていることを如実にあらわしている。

健康な人の白血球を細菌と一緒にしてみる。すると白血球は細菌を食べはじめる。これを食作用といい、食作用をもつ白血球を食細胞という。白血球は細菌を生け捕りにしたあとバラバラに消化することもあるが、大抵は活性酸素で殺してから食べはじめる。この病気では、白血球がうまく活性酸素をつくることができず、侵入してきた細菌を退治できない。

白血球は、つねにグルグルとからだ中の血管やリンパ管のなかを巡回している。からだのどこからでも、自分のからだとはちがう蛋白質、すなわち異物が侵入してくると、白血球のうちのマクロファージや好中球《こうちゅうきゅう》という食細胞が血管やリンパ管からスリ抜け、侵入者がいる場所へと急行する。そして、侵入者に活性酸素を浴びせ死滅させる。そして食べる。さらに、食べたあと敵のからだをバラバラにし、その一部をリンパ球にかざして侵入者の特徴を教える。すると、リンパ球が侵入者に適《あ》った抗体をつくっていくのである。この意味でも、大量の活性酸素によっておきる食作用は重要だ。自然免疫の代表的な武器となる。

活性酸素のもとになる酸素は局所にある酸素が使われる。血液中のヘモグロビンから離れた酸素は細胞膜も自由に通過できる。侵入者も負けじと増殖していく。硝煙弾雨《しょうえんだんう》。局所の酸素濃度はますます下がっていく。でも、食細胞は酸素濃度が低くても耐える機構をもっている。前に話した低酸素関連遺伝子を目覚めさせるＨＩＦ－１が活躍しだすのだ。

活性酸素が体内でできるためには、先に説明したように、電子を提供する基質と、その基質から電子を遊離させる酸化酵素、そして電子を受ける酸素が必要だ。慢性肉芽腫症は白血球がふつうにもっている「酸化酵素」が欠損しているか、うまくはたらかない病気だ。酸化酵素の名前をＮＡＤＰＨ酸化酵素といい、白血球の細胞膜上にある。電子を提供する基質は細胞内でできたＮＡＤＰＨという補酵素（もともとＮＡＤＰ$^{+}$という補酵素に水素がくっついたもの）で、ＮＡＤＰＨ酸化酵素がＮＡＤＰＨに作用して水素（一個のプロトンと一個の電子）を遊離させる。出てきた電子によって酸素分子が不完全に還元され、スーパーオキサイドが発生する。

呼吸が破裂する

食細胞が細菌などの異物を見つけて食べると細胞質中にあるＮＡＤＰＨが動員され、その電子が細胞膜上のＮＡＤＰＨ酸化酵素を経て、最後に細胞外（あるいは食細胞内）の酸素分子に渡される。食作用にともない急激に酸素が使われ、その消費量は通常の細胞のミトコンドリア呼吸にも匹敵する。それで、この現象を「呼吸破裂」と呼ぶ。ＮＡＤＰＨ酸化酵素が呼吸破裂酸化酵素と呼ばれる所以《ゆえん》だ。

産生されたスーパーオキサイドや関連した活性酸素は、食細胞の周りや食細胞内の細菌などの異物の退治に使われる。すなわち、スーパーオキサイドは二つくっついて過酸化水素となり、この過酸化水素はミエロペルオキシダーゼの作用で次亜塩素酸へと変換される。また、スーパーオキサイドと過酸化水素からヒドロキシラジカルができる。そして、侵入を企てた病原菌は次亜塩素酸やヒドロキシラジカルなど反応性が高い化合物の餌食となる。

NADPH酸化酵素は複数の蛋白質からなる複合体で、ふだんは細胞膜を貫通する酵素本体と細胞質内に散らばる蛋白質に分かれている。そして病原体が侵入してきて、いざとなると直ちに細胞質因子が細胞膜へ集合して活性化され、スーパーオキサイドをつくる。

4　活性酸素に対抗する

生体がとる抗酸化機構の基本的な戦略はこうである。活性酸素は、ほかの物質を「燃やす」（酸化する）。「燃やす」とは相手から電子を奪うことだ。活性酸素はペアとなる電子が一つ不足しているため不安定で、ほかの物質から電子を奪い破壊してしまう。だから酸素の毒性に対抗するには、活性酸素に電子を十分に与えればよい。酸素が四つの電子で完全に還元されて水ができれば、理論上は活性酸素が生まれることはない。

活性酸素や酸化物に電子を与えて毒性を中和する物質を還元剤と称するなら、この物質は電子を失うことになるから酸化型となる。このままでは還元剤そのものがすぐに底をついて

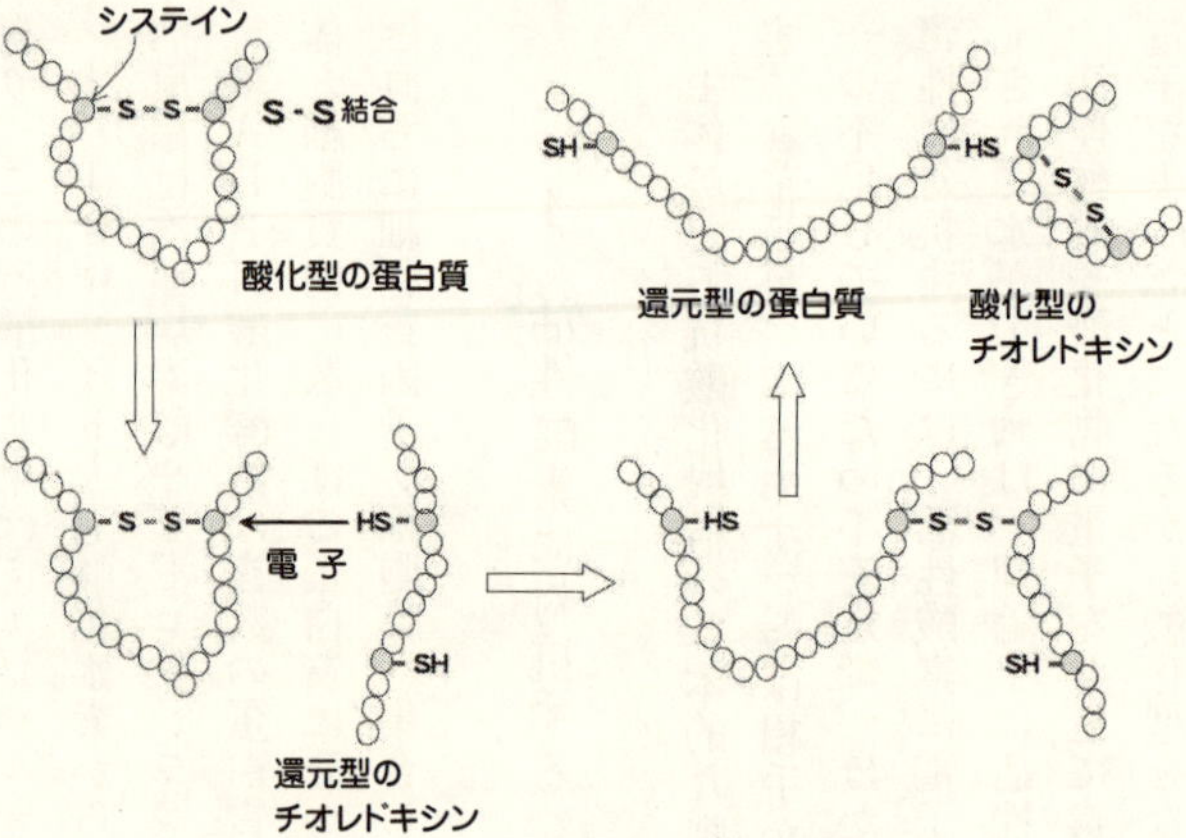

図7－3　チオレドキシンによる抗酸化作用　酸化状態（ジスルフィド結合＝S-S結合をもつ）の蛋白質を還元状態に戻す過程を示す。酸化型の蛋白質は還元型（チオール基＝SH基を２つもつ）のチオレドキシンから電子を受け取り、還元型蛋白質に戻る。チオレドキシン自身は酸化型に変わる。

しまう。そこで「酸化された」還元剤を再び「還元型」に戻す工夫がなされている。つまり、体内には補酵素というのがあり、電子を供給して、酸化された還元剤を中和するのに役立っている。必要な電子はたとえばＮＡＤＨ、ＮＡＤＰＨ、ＦＡＤＨなどから供給される。これらの補酵素から直接、酸化物、たとえば過酸化水素や脂質酸化物、あるいは生体高分子へ電子が渡るのでなく、最初に述べた還元剤を介しておきる。その還元剤にはチオレドキシンやグルタチオンがある。

　活性酸素や酸化物へ電子を渡したり補酵素から電子を受け取ったりするチオレドキシンやグルタチオンなどの活

性部位は決まっている。それはたとえば、還元型のチオレドキシンで二つの離ればなれになったシステイン残基のSH基から電子が放たれ、この二つのシステイン残基の間でS－S結合をつくり酸化型となる。放出された電子は酸化型の標的蛋白質を還元型に変えるのに使われる（図7－3）。

SODは還元剤ではないが、基本的な活性酸素であるスーパーオキサイド（$O_2\cdot^-$）を過酸化水素（H_2O_2）と水にする酵素である。

SODの歴史ははるかに長い。二七億年前にシアノバクテリアが地球上で初めて酸素ガスを放出したとき、それまで無酸素下に暮らしていた嫌気性細菌群は酸素の酸化力に抵抗して生きるために強力な武器を備えた。それが電子伝達系で発生するスーパーオキサイドを消去するSODである。現在のミトコンドリア内には特有のSODが存在する（Mn-SOD）。細胞質にもSODがある（Cu-SOD、Zn-SOD）が、それらは大気中酸素濃度がもっと上がって現在の一〇分の一になってから備わった。SODはスーパーオキサイドを即座に過酸化水素にする。

$$(O_2\cdot^-) + (O_2\cdot^-) + 2H^+ \rightarrow H_2O_2 + O_2$$

過酸化水素自身も活性酸素であるから、同時に過酸化水素を無毒な水にする酵素が必要である。これはカタラーゼやグルタチオンペルオキシダーゼが受けもつ。

5　活性酸素を使いこなす

活性酸素のターゲットはあらゆる物質におよぶ。蛋白質も例外ではない。蛋白質が活性酸素の攻撃を受け、酸化型になってしまうとちょっと困ることがある。「ちょっと」としたところの理由はあとで補足しよう。蛋白質は還元型をとるとき本来の機能を発揮するので、酸化型だと具合が悪い。当然、わたしたちのからだは蛋白質が酸化されたらそれを還元型に戻す手だてを講じている。先に説明した通りだ。

細胞が外から刺激を受けると、その刺激は細胞膜にある受容体という蛋白質で検出される。受け取った刺激は「ある信号」に置き換えられ、細胞のなかに送られ、最後は核まで届く。その信号は「蛋白質」でできていて、しかもさまざまな蛋白質の間を通過していく。外の刺激に反応すべく必要な蛋白質がつくられ、あるいは分解される。同時に蛋白質が変身して活性化したり不活化する。このように蛋白質を修飾することにより生物は外の刺激に反応する。もう少し詳しく説明しよう。

そもそも細胞外の刺激が細胞内へ伝わっていく仕組みは、信号となった蛋白質がその構造を変えることでさらに意味のある別の信号となって、つぎに控える蛋白質に伝わるようになっている。その蛋白質が、受信した信号の構造上の「ちがい」を読みとり活性化される。そして、受信した信号に意味づけをして、つまりその構造を改変して下流の蛋白質に結合して新しいシグナルとして伝える。バケツリレーに似ている。

ちがうのは、受け取ったバケツやなかに入っている水の量や色などを少しずつ変えながらつぎの蛋白質に手渡す点だ。これを繰り返しながらシグナルが下流へ伝わり、最後に信号が転写因子という蛋白質に届く。すると、活性化された転写因子は核のなかに入って、星の数ほどある遺伝子のなかから目的のDNAにはたらきかけ、それまで眠っていた遺伝子を覚醒《かくせい》させる（遺伝子の発現）。そして、その遺伝子を設計図としてコピーがはじまり（転写）、新しい蛋白質がつくられていく。からだが外からの刺激に対し反応するというのは、この新しくできた蛋白質がその機能を発揮し生物的な仕事をするということである。たとえば、怪我した箇所が痛み、赤く腫れ、熱が出たりするのは、皮膚や血管、神経、そして白血球などさまざまな細胞のなかでシグナルが行き交う結果である。

釈迦《しゃか》も経を読み違える。ブループリントの暗号（塩基）の間違いや、設計図の読み違いにより本来の蛋白質とちがった蛋白質ができることがある。当然、機能しない。そればかりか、悪さをすることもある。アルツハイマー病はその例である。

活性酸素によって蛋白質が酸化型となったり、還元剤によって還元型に戻ったりすることによりシグナルに意味づけがなされる。すなわち、同じ蛋白質を二つのSH基をもった蛋白質と一つのS－S結合をもった蛋白質という具合に少しだけ形を変えることが、「シグナル」となって細胞活性を調節する。蛋白質が酸化型となって機能を発揮しないことも、外からの刺激に対するひとつのメッセージとして下流に伝わる。すなわち、シグナルをそこでストップさせたり（無反応）、抑制したりするのである。最初に蛋白質が酸化されることがすべて困ることではなく、「ちょっと困ったこと」と控えめにいったのは、その理由による。蛋白質機能にスイッチを入れたりオフにしたりするのは、当該蛋白質に直接、作用することもあれば、その蛋白質の転写因子の活性を左右することにより調節する場合もある。むしろ、このほうが多い。

活性酸素は蛋白質を酸化することで、生体反応に見事に関わっている。生物は実にしたたかだ。活性酸素の酸化力を逆手にとって生体調節系の体系化に取り込んだ。酸化還元というのは、なにも酸素呼吸をしている生物ばかりでなく、そうでない生物においてもおこる反応で、あらゆる生物はこの仕組みを大いに利用して生体応答している。まことに奥深いものがある。

6　ネズミチフス菌の抵抗

食細胞が細菌を捕えて食べる過程は精巧だ。白血球はつねに血液中をパトロールして外敵が侵入してこないか見張っている。見張り人マクロファージはＮＡＤＰＨ酸化酵素によって製造した活性酸素という武器で侵入してきた微生物を破壊する。まさに「夷《い》を以《もっ》て夷を制す」。その攻防を再現してみる。

ホコリとなって空中を漂っていた病原菌が傷口から侵入してきたとする。病原菌が放つ誘因物質に引きよせられ、マクロファージがアメーバーのように近づいていく。マクロファージは知覚神経の周囲に密集しているものもいれば、血液やリンパ液にのってパトロールする見張り人もいる。侵入者が来れば真っ先にどこへだって駆けつける。

再び現場から実況。マクロファージが細菌表面の抗原を感知し結合した。この結合は補体や抗体によって仲介されることが多く、マクロファージが抗原を食べるのを手伝ってくれる。つぎにマクロファージがその細胞膜を内側に凹状にたわませて細菌を包み込むような格好をとった。

同時にマクロファージの細胞膜上に組み込まれたNADPH酸化酵素が活性化し、周囲の酸素ガスを使って活性酸素をどんどんつくっている。たちまち、酸素ガスがなくなっていく。でもそんなことはお構いなしにマクロファージは飛び道具をつくりつづけ、細菌に盛んに浴びせはじめた。

でも千軍万馬《せんぐんばんば》。細菌もだまっていない。ずるがしこい。いくつかの手を使ってマクロファージが活性酸素を発射できないように阻止しはじめた。マクロファージのNADPH酸化酵素はいくつもの蛋白質に分散していて、細胞質内にも散らばっている。この細胞質内の成分と細胞膜にある成分とが複合体をつくってはたらかなくてはならない。細菌がつけいるスキは、まさにここだ。細菌はマクロファージのNADPH酸化酵素の本体であるシトクローム *b558* という蛋白質をつくらせないように、「転写」を邪魔しはじめた。さらに、すでにマクロファージの細胞膜上にできあがってしまったシトクローム *b558* を必死にぶっ壊している。

細菌はつぎの新手を繰り出した。もともとシトクローム *b558* は食細胞膜上に孤立して存在している。外敵が侵入してきたときNADPH酸化酵素のほかの仲間の所へ膜を伝わって急行することになっているのだが、当然、細菌はこの弱点をついてきた。シトクローム *b558* がほかのNADPH酸化酵素の成分の所へ移行するのを妨害している。

さらによく見ると、なんとネズミチフス菌がマクロファージの細胞膜になにかを注射している。ネズミチフス菌が侵入部位にＮＡＤＰＨ酸化酵素がやってくるのをブロックするために、ある蛋白質を注入していたのだ。こうやってネズミチフス菌はマクロファージに食べられても生き長らえ、細胞分裂を続けていく。たくましい。

これらの細菌の抵抗を排除したのちようやく、マクロファージはＮＡＤＰＨ酸化酵素のシステムを使って一気に活性酸素を放出できる。周囲の酸素濃度が下がるくらいに酸素を消費する。かたや細菌のほうは、浴びせられた活性酸素を還元酵素カタラーゼを使って無毒化し、盛んに抵抗する。

このような陰謀詭計《いんぼうきけい》を繰り広げながらマクロファージは細菌を完全に飲み込み、自分の細胞膜と小胞とでつくる袋状の食胞のなかへ取り込んでしまう。ついで、細菌をバラバラに消化するために食細胞はライソザイムという消化酵素の入った小器官リソソームと融合し、ファゴリソソームをつくる。

第八章

酸素は病気に どう関わるのか

日暮れて道遠し　はるかに続く道　ネパール、1976年４月撮影

1　傷が治る

どのくらいの酸素が必要か

血液が不足する組織では酸素を少しでも多く得るため、血液の運搬路をつくる「血管新生」という現象が盛んになる。ウサギの耳に酸素濃度をコントロールできる透明なチャンバーを埋め、毛細血管がどんどん増えていく過程を観察した研究がある（図8―1）。傷の中心部では酸素濃度はきわめて低く、ほぼゼロミリメートル水銀柱。傷のない組織では六〇ミリメートル水銀柱ぐらいある。一方、健康な人の動脈血の酸素濃度は一〇〇ミリメートル水銀柱近くある。モンブランに登ると半分に、エベレストでは三分の一になる。

傷の真ん中辺りで毛細血管が時間とともに成長していく。マクロファージという白血球の一種が出てきて、血管新生因子や、コラーゲンをつくる線維芽細胞を活発にする成長因子を放出する。マクロファージは免疫細胞で、つねに血管のなかを巡回し、傷口や異物が侵入し

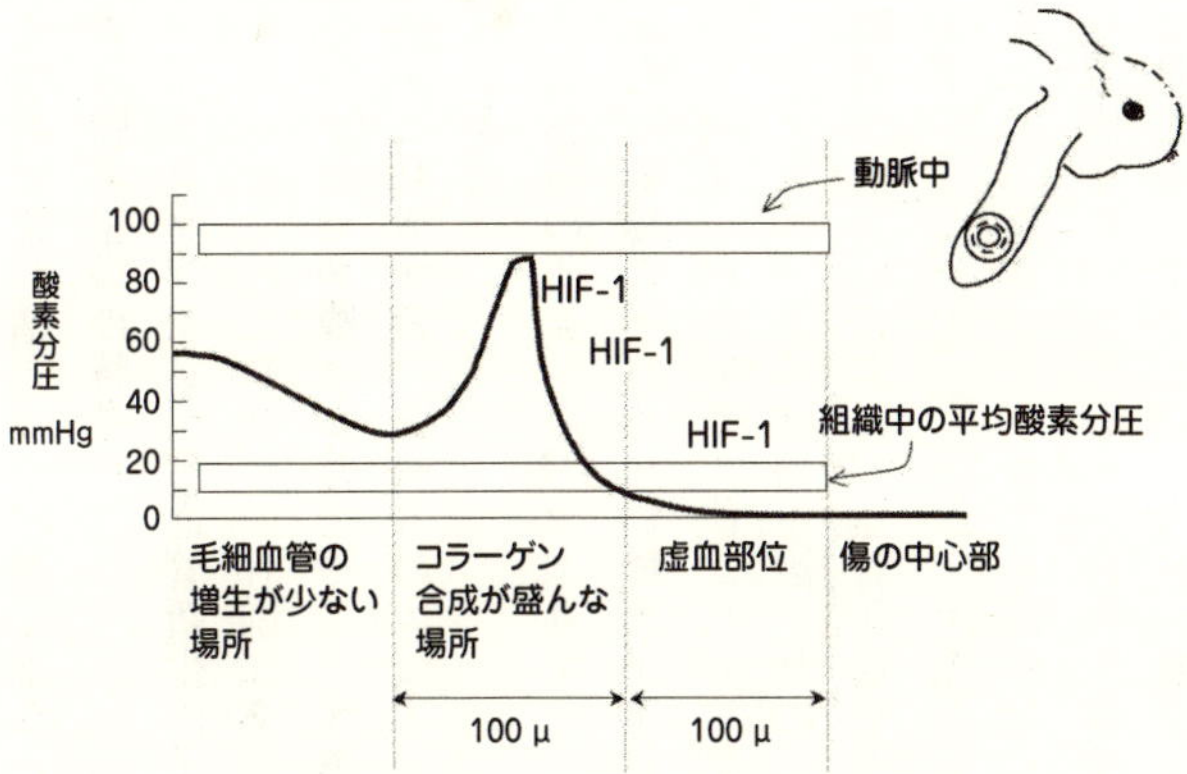

図8－1　傷口の酸素分圧　傷の中心の酸素分圧はゼロ。少し（150マイクロメートル）離れた所へは酸素が豊富に供給される。この短い距離の酸素勾配が刺激となり、傷を治すための因子がいろいろな細胞から分泌される。

てきた場所に集まる。傷の中心部からわずか一五〇マイクロメートル離れた毛細血管の近くでは、酸素レベルは六〇～九〇ミリメートル水銀柱になる。このごく短い距離で大きな酸素濃度勾配が生じ、線維芽細胞が盛んに分裂する。

一方、毛細血管を挟んだ傷から遠い側では線維芽細胞は少なく、コラーゲン線維が豊富にみられる。傷が治るどの段階でも、中心部を大気に曝すと、とたんに酸素濃度勾配がなくなり、毛細血管の成長はすぐに止まってしまう。

このことは、傷が治るにつれ毛細血管が増えていき、酸素が不足していた傷の中心部に酸素が行きわたりはじめると血管新生が自動的に停止することを意味する。いつまでも血管が増えつづけてしまうと炎症がなかなか治まらない。際限なく血管が増えていくのは腫瘍組織の特徴だ。

マクロファージから血管新生因子が出ているのは、つぎの実験から明らかである。酸素の少ないところでウサギの骨髄にあるマクロファージを採ってきて培養し、上澄みの液状成分をウサギの角膜にかけてやる。すると、酸素の少ないマクロファージほど角膜の血管新生を盛んに刺激する。ふつうの大気中と同じ二〇%酸素濃度下の培地上の上清液では、血管新生はおきない。

これらの所見から、マクロファージによる血管新生作用は特異的であることがわかる。だから、組織がどれくらい酸素が不足しているか、正確には酸素濃度勾配の程度によってマクロファージの血管新生能が巧みに調節されていることがお分かりであろう。

マクロファージは傷を治すために酸素補給に必要な「路」をつくるように協力する。また、酸素が少ないときに、血管新生を促す蛋白質をつくるための転写因子という別の蛋白質(HIF－1)をつくっていることが、最近わかった。そのような場所では酸素が盛んに使われるので、酸素がどうしても足りなくなる。それでもマクロファージがはたらけるのは、先の転写因子がはたらいて、自ら生存するための蛋白質群をつくるからなのである。HIF－1は前にも出てきた。からだが酸素不足になったとき(からだの一部でも全身でも)、生理的な適応反応がおきる。この反応に数多くの蛋白質が関わるが、これらの蛋白質をつくるのに必要な遺伝子（低酸素関連遺伝子群）をはたらかせるのがＨＩＦ－１の役割だ。

アメリカ西部の先住民は、怪我をしたら山を下りて渓谷の「空気の濃い所」へ行くと傷が早く治る、と長い間信じていた。また、外科医は、肺の換気がよくない患者では傷の治りが遅れることを経験的に知っており、傷口が元に戻るには栄養素とともに酸素の「適度」な補給が必要なことに気づいていた。実際に、高圧酸素療法は臨床で確立した治療法の一つで、強い循環障害やむくみのある傷を修復するのに有効である。

細胞で消費される酸素のほとんどはミトコンドリアで使われる。酸素分圧がある限界レベル（一％）を下回ると酸素消費が低下し、エネルギー産生を酸素に依存しない特別の代謝（嫌気的代謝）に頼るようになる。乳酸が溜まってくる代謝経路である。安静時の細胞でこの代謝に切り替わるポイントは一～一五ミリメートル水銀柱である。

消化管をつなげた所が順調に回復するためには、どのくらいの酸素量を与えればよいかという研究がある。大腸と大腸をつなぎ、吻合《ふんごう》部辺りの腸管で一番外側の漿膜《しょうまく》という部分の酸素分圧を測定してみた。そして、術後にうまくつながった場合と吻合部に穴があいてしまった場合とを比べた。すると、組織酸素分圧が消化管吻合前の五〇％以下になると、うまくつながらないことがわかった。

また、食道癌で、頸部《けいぶ》の食道と胃とをつなぎ、その近くの粘膜下で酸素分圧を術後に測定してみると、なんの合併症もおこさずに順調に治っていくには、健康な人の動脈血中の酸素濃度の約四分の一、つまり二六ミリメートル水銀柱くらいあれば十分であろうという研究もある。

傷に流れる血液量が少なかったり、糖尿病を合併していたり、傷口に細菌感染がおきたりすると修復に手間取る。傷を低酸素に曝すと傷の免疫能が低下することは、動物実験でも確かめられている。

酸素は栄養素そのもの

一九五三〜二〇〇四年までにエベレストに登頂した人は世界で一九一五名、このうち日本人は一一三名もいる。頂上の酸素分圧は平地の約三分の一。動脈血中の酸素濃度は約三〇ミリメートル水銀柱以下で、これも平地の三分の一以下に相当する。エベレストと同じ気象条件にして酸素ガスを吸わずに簡単な計算をしてみる。きわめて単純に一〇〇〇から一ずつ引いて、それを紙に書く。大抵の人は九〇〇までたどり着けない。字は乱れるし計算を間違えてしまう。脳が酸素欠乏ではたらかないのだ。とてもわたしたちは、エベレストの頂上に登ることも、いることもできない。しかし、からだのなかで「エベレストの頂上」を経験することはある。早い話、先の傷口がそうだ。低酸素を呈する病態は珍しくない。

エベレストほどの「低酸素」は、怪我した傷口以外にもつぎの三つの場合で経験する。

①回腸の終わりのほうと大腸のなかは酸素ガスがほとんどない。腸管のなかにはきわめて多くの「酸素を嫌う」細菌が棲息している（消化管全体で一〇〇兆個の腸内細菌が棲んでいる）。でもこれらの細菌のお蔭で「酸素を好む細菌」が叛乱をおこして病原性を発揮しないように抑えている。さらに、腸粘膜の細胞に特別の栄養素を差し出してくれている。

②動脈が狭くなったり閉塞したりしてその先に血液が流れなくなると、その血管が運ぶ血液によって養われている組織は酸素がないため腐ってしまう（心筋梗塞、脳梗塞、閉塞性動脈硬化症）。筋肉は酸素不足と蓄積した乳酸、そして筋肉が壊れて出てきた代謝物で悲鳴を上げる。それはきわめて痛い。

③腫瘍は酸素不足を原動力として勢いを増す。酸素がふつうにあるとかえって成長できない。かといってまったく酸素がなくなるとお手上げとなる。ちょうど頃合いのよい低酸素状態が腫瘍を活気づかせる。

腫瘍の中心部には酸素がまったくなく、その付近でごくわずかだけ酸素を認める。この状態が血管新生を刺激し、腫瘍が増殖する要因となる。腫瘍が血管をどんどんつくり成長するのは、実は酸素不足というよりも、低酸素のために動き出す転写因子HIF－1が血管をつくる遺伝子に活をいれ、血管新生因子をあとからあとからつくらせるからだ。

傷の治りが、酸素が少ないと障害されることは多くの研究で明らかにされている。となれば、酸素を余分に投与することで傷が早く修復されていくかもしれない。実際、酸素投与によりその効果が報告されている。

著者は約五〇〇〇メートルの山の上、ちょうどモンブランに登ったときの酸素濃度を保てるガラスのチャンバー内で、胃を切ったラットを七日間飼育してみたことがある（図8－

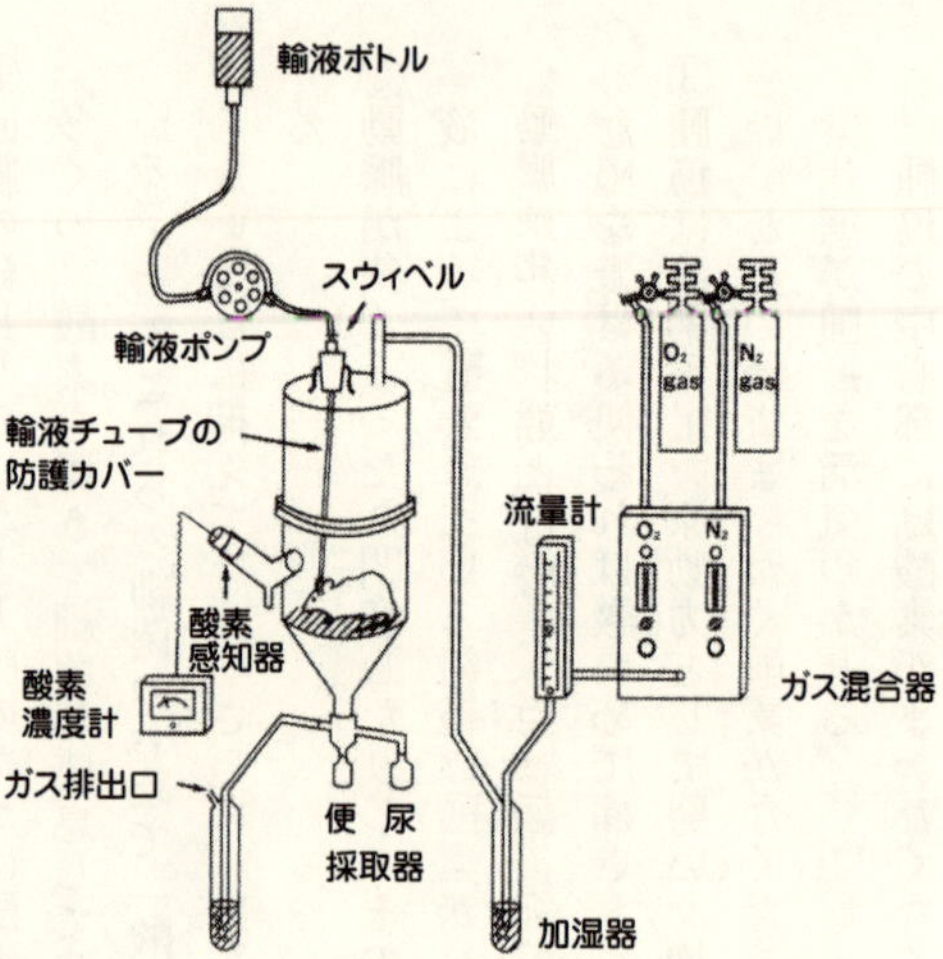

図8－2　ラットの低酸素室　ガラス製の気密室に収容されたラットは、平地からエベレスト頂上までの酸素濃度を体験できる。

2)。動物の頸部から血管へ細いチューブを入れ、十分な栄養とビタミンも補給した。すると、ふだんに比べて「モンブランに登った」ラットでは眼は充血し、下痢を繰り返し、極端に体重も減り、全身の蛋白質が壊れることがわかった。反対に酸素を十分に与えると、体重は増え、蛋白質の合成も盛んになる。あたかも酸素そのものが栄養素であるかのようであった。

傷の修復と酸素濃度

わたしたちのからだのなかでは、血液中を別にすれば、酸素濃度が約六〇ミリメートル水銀柱に保たれている。ひとたび感染がおきるといろいろなことで局所はむくみ、血液の流れが落ち、組織の酸素分圧は二〇〜三〇ミリメートル水銀柱に低下する。エベレストの頂上よりも酸素が薄い状態となる。この状態で細菌を食べる細胞が集まってくると、活性酸素をつくるために酸素が使われ、酸素分圧はさらに低下してゼロ〜一〇ミリメートル水銀柱にもなる。傷が元に戻っていくには、酸素分圧は最低でも一〇〜二〇ミリメートル水銀柱は必要だ。

手術のとき、傷口の皮膚の下にチューブを埋め込み、そこの酸素分圧を測定した研究がある。傷の感染率と局所の酸素濃度との関係を調べたものだ。組織酸素分圧が九〇ミリメートル水銀柱以上の場合、感染することはゼロ。しかし、九〇ミリメートル水銀柱以下だと酸素分圧が低くなるほど感染率は高くなった。

酸素不足によって白血球の殺菌作用は落ちる。細菌が侵入してくると、からだは酸素をミトコンドリアでエネルギーをつくるためよりも、活性酸素をつくるほうにまわす。これにより細菌の細胞壁を破壊する。ヒトでは一時間あたり一〇の九乗個の細菌を処理できる。このとき、酸素消費はふだんの二〇倍にも達し、周辺から酸素を奪うことになる。

そのため周囲組織との間で酸素濃度勾配ができる。組織酸素分圧は、白血球が呼吸破裂をどのくらいおこすか決定するひとつの因子となる（ほかの因子には体温、pH、生理範囲内のグルコース濃度などがある）。白血球による酸素消費や、活性酸素の産生量を指標に白血球の殺菌能を評価してみる。すると、傷口の酸素分圧が低いとその殺菌力は障害され、高ければ殺菌作用は強くなる。組織に酸素を十分に与えると、予防的に抗生剤を投与するのと同じくらい細菌感染を減らすことができる。酸素は栄養素のほかに抗生物質としての役割ももっている。

傷がもとのようにくっつくためには、コラーゲン線維ができて細胞の間を埋めるという過程が必要だ。コラーゲンがどれほどできるかは、最終的に傷口でどれくらいの酸素が利用できるかによりちがってくる。コラーゲンをつくるには酸素が必要不可欠であることは、第六章のエディアカラ生物群のところで説明した。酸素分子がないとプロリンとリジンというミノ酸が水酸化されず、分子間の橋わたしができなくなる。酸素がたくさんあればコラーゲンはたくさんでき、酸素が少なければ逆の結果となる。

一時的にせよ無酸素状態になると、できたコラーゲンは安定性に欠け、機械的な力に弱い。傷を治すのに最もよく活躍する線維芽細胞が分裂・増殖するには適度の酸素が必要で、ヒトではその最適な濃度は六ミリメートル水銀柱とされるが、線維芽細胞が活発に増殖するには一五ミリメートル水銀柱以上必要だ。エベレスト頂上よりも低い酸素濃度で傷は治っていく。

2　病気に潜む低酸素

炎が上がる

白血球は抗原が侵入してきた所や傷を負った場所に駆けつけ、抗原をやっつけては傷ついた組織を修復する。おのずと白血球が集まる場所の酸素濃度は低い。その理由は、白血球自身、酸素のもとでエネルギーをつくったり、白血球が「呼吸破裂」するために酸素を消費するからだ。また、炎症があると微小血管から水分が漏れて酸素分子が水におぼれてしまい、酸素分子が血液中から不足している所まで行きつけない。炎症のある所では酸素レベルはさらに低くなる。

そのような低酸素状況であっても白血球が活躍できるようになっている。ＨＩＦ－１が活性化する。その証拠にＨＩＦ－１の活性化をなくしてみればわかる。遺伝子操作によって白血球中にＨＩＦ－１をもたないマウスをつくり、その細胞を観察してみる。すると白血球は酸素の少ない場所を嫌って遠ざかり、破壊する細菌の数も少ない。細菌を殺すには短時間で大量のエネルギーが必要となるが、そこまでエネルギーをつくれないのだ。だからこのマウスでは局所の炎症が全身に拡がってしまう。結局、活性化ＨＩＦ－１αは白血球内で、酸素が少なくてもエネルギーをつくれるように嫌気的代謝に関連した酵素群をつくるようにはたらいている。ＨＩＦ－１αが壊されるときの目印となるＶＨＬ蛋白質を欠損させたり、薬物でＨＩＦ－１αを誘導したりすると、骨髄細胞の防御能が亢進し殺菌作用も改善する。

腫瘍を支える血管新生

第五章で「低酸素」が「腫瘍」の進展と結びつくことについて触れた。悪性腫瘍はポピュラーな病気で、ヒトが死亡する原因のなかでもっとも多く、二〇〇三年は全死亡（一〇一万四九五一人）の三割以上を占めた。腫瘍はあたかも宿主の栄養を奪取し、宿主を乗っ取るかのように振る舞う。腫瘍細胞から分泌されるサイトカインという一種のホルモンが全身をめぐり、食欲中枢を抑制し一切、食事を摂る気力をなくさせてしまう。ナトリウムやカルシウムなどの電解質バランスもくずれ、吐き気を催したり意識が朦朧《もうろう》となったり、鬱《うつ》状態に陥ったりする。このような身近で切迫感のある病気の進展が、これまで述べてきた酸素や低酸素と大いに関わりがあるのだ。それは、腫瘍が宿主のコントロールから逸脱して成長を無限に続けるにしても、あくまでも従属栄養細胞の集団にすぎないからである。腫瘍も酸素を求めている。宿主細胞が酸素を利用して栄養を他者に依存している以上、腫瘍細胞も酸素を使って従属栄養を営まざるを得ない。なぜなら、腫瘍細胞はもともと健康な細胞に遺伝子変異が積み重なってできるからだ。この場合、腫瘍にとっての他者とは宿主自身も含み、患者は自らの筋肉を分解し腫瘍にエネルギーと有機炭素と窒素とを提供する。だから、悪疫質という独特の顔貌《がんぼう》を呈する。

腫瘍は酸素をもとめて必死に血管をつくる（血管新生）。腫瘍細胞にとり、酸素を断ち切られることは死を意味する。栄養路の確保、すなわち血管新生は生命線である。抗癌療法で癌の栄養血管を縛るなり、内腔を塞《ふさ》いで血流を途絶させる方法がある。血液から栄養分を受けていた腫瘍組織は四苦八苦し腐る（壊死する）。しかしこの方法では、一時的に腫瘍の増大をコントロールできたとしても、血管新生をまったく中断させることは難しい。それは、局所から血管新生因子が絶えず放出されているからだ。血管新生が旺盛になればそれだけ腫瘍は増大し、宿主の体力は落ちる。

腫瘍の進展にＨＩＦ－１が関係していることは、ヒトの悪性腫瘍——原発巣および転移巣——でＨＩＦ－１αが過剰にできること、そのレベルが腫瘍の血管新生の程度と患者の死亡率とに相関することからわかる。腫瘍をマウスに移植し、ＨＩＦ－１活性を高めたり低下させたりすると、腫瘍は大きくなったり小さくなったりする。また、このときの血管新生の程度も相関する。これは、ＨＩＦ－１αが血管新生因子ＶＥＧＦを活性化させ、腫瘍の発育を促進するためである。問題は腫瘍ではなく酸素濃度が低いことにある。だから、腫瘍であっても低酸素によってＨＩＦ－１が活性化しなければ、サイズは小さいままで転移もおこさない。

腫瘍の戦略は、酸素濃度勾配をつくることにある。つまり、腫瘍が大きくなると、その中心は無酸素になる。これからミクロン単位でわずか離れた所では毛細血管が盛んに発育し、少しだけ酸素が供給される。ここでは生理的な低酸素反応がおきる。すなわち、例の転写因子ＨＩＦ－１が腫瘍細胞内でどんどんつくられ、血管新生因子ＶＥＧＦを盛んに放つ。ＶＥＧＦは血管の内面を覆う内皮細胞にはたらいて血管をつくっていく。血管内皮細胞は新しく血管をつくる機能をもちあわせている。ＶＥＧＦのみならず、酸素不足に備えて嫌気的糖代謝に関わる酵素、糖の運搬役などもつくられる。ＶＥＧＦはほとんどすべての細胞、組織に発現するが、その刺激を受けとめる受容体は血管の内腔を裏打ちする内皮細胞だけにある。

血管の異常発達

ヒトのからだは、エネルギーをつくるための特殊な装置（ミトコンドリア）を備えた真核細胞が六〇兆個も集まってできている。これだけ多くの細胞を機能的に配備し、とくに中枢神経系を高度に発達させることによって初めてヒトは「考える葦」となり得た。からだの各機能を臓器別に分担させるには、それぞれの組織をつないで栄養と酸素とを供給する血管系という組織が、それなりに完備されることが最低条件である。また、酸素の運搬路となる血管をほどよく発達させることは酸素呼吸の動物の宿命でもある。酸素をたくさん運ぶために血管を適度に発達させること、これは健康な生活に欠かせない。

血管は発達しすぎてもよくない。血管の異常な発達は炎症を拡げ、腫瘍を勢いづかせるもとになる。ヒトは酸素とつきあう以上、活性酸素からの攻撃からいかに逃れるか、酸素不足に陥った組織でいかに血管をつくるか、それと動脈硬化という血管路を狭くする病態にいかに対処するかなどの問題につねに脅かされてきた。

血管路そのものが狭くなったり詰まったりして局所が低酸素に陥り、それが刺激となって毛細血管が異常に発達することがある。未熟児網膜症がこの例である。網膜が形成される

（妊娠三二週〜三四週）前に出生した未熟児や、網膜が形成されるときに酸素が欠乏すると網膜で血管が盛んにつくられる。新生された血管はとくに網膜を機能させるわけでもない。かえって血管から血液水分が滲みだし、血管が簡単に破けて出血したり、増殖因子を放出したりしてさらに増殖膜をつくる。ときに網膜剝離《はくり》をおこし失明することもある。未熟児に高濃度の酸素を投与すると網膜の血管が末梢で詰まり、酸素投与を中断したあとには強い酸素欠乏状態を招き、意味のない有害な血管ができていくだけである。

癌の転移と酸素

羈鳥旧林《きちょうきゅうりん》を恋い　池魚故淵《ちぎょこえん》を思う

サケは大海をめぐったあと、自分の生まれ故郷に戻ってから産卵する。ハトは、どんなに遠く離れた初めての場所からでも自分の巣に戻ることができる。このような帰巣本能を、実はリンパ球ももっている。リンパ球はからだ中をぐるぐるまわり、初めて出会った抗原の場所をしっかりと覚えている。腸で抗原と出会ったリンパ球はリンパ管を通って腸管から出ていき、リンパ節を経由して次第に太いリンパ管へと流れていく。その間、だんだんと成熟していく。そして、胸管という本幹を通り大血管へ合流し、全身の血液中をめぐる。そのうちに免疫グロブリンという抗体を産生するような細胞になって、腸にまた戻ってくる。これは

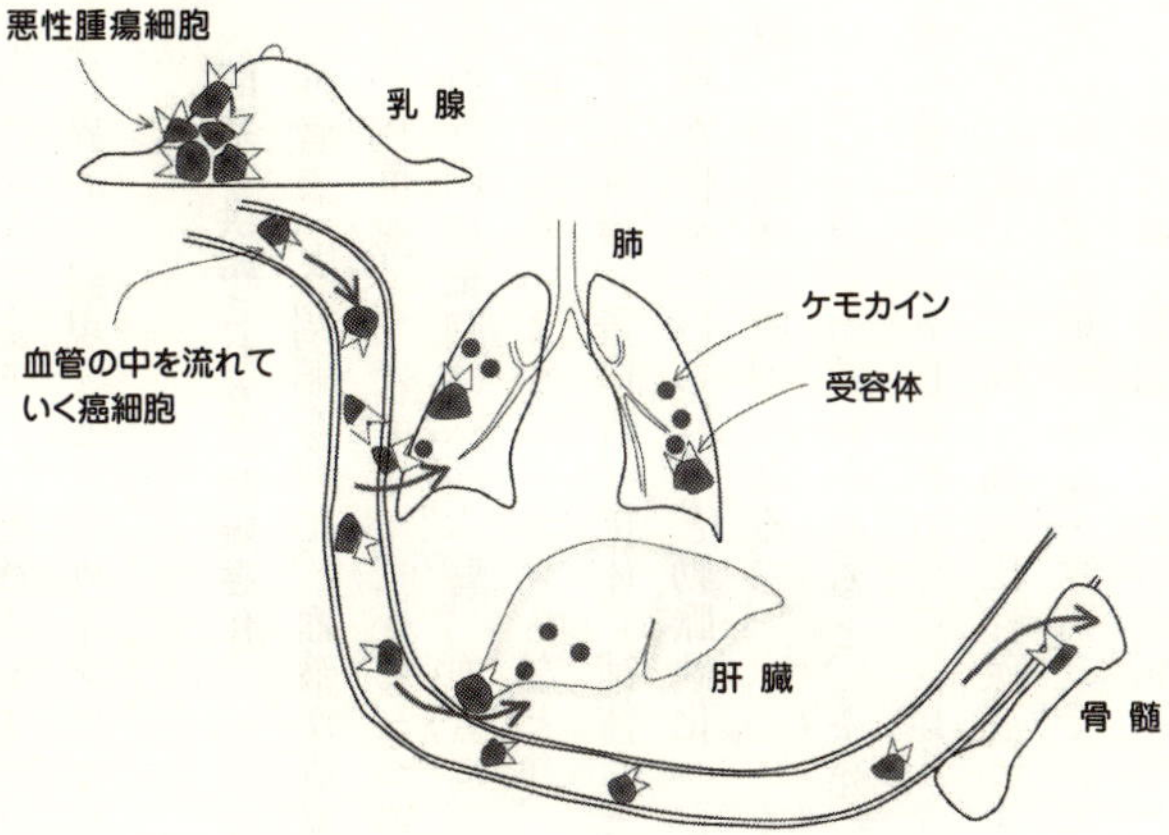

図8－3　癌が転移する仕組み　腫瘍細胞は特定の宛先（ケモカイン）を求めて転移先を決める。腫瘍細胞が低酸素状態のとき、宛名を書いた荷札（ケモカイン受容体）がつけられる。

リンパ球がある目印を求め、腸管粘膜下のある特定の静脈に引きよせられることによる。

癌も同じような仕組みで転移をおこす。低酸素状態のときにHIF－1が、腫瘍細胞に行き先（ケモカインという蛋白質）を書いた荷札（ケモカイン受容体）をつける（図8－3）。腫瘍細胞は荷札に当てはまる住所（ケモカイン）を求めて血管やリンパ管をめぐり、所定の場所に漂着する。転移の成立である。

転移をおこすための荷札ができるのは、腫瘍が酸素を求めているときだ。組織が酸素不足になると腫瘍細胞に荷札がはられ、ケモカインに惹かれて転移していく。低酸素はメインの腫瘍が成長していく過程でも必要不可欠であるし、転移にも欠かせない。乳癌の転移は、リンパ節や骨髄、肺、肝臓などで特異的に発現するケモカインによりおきる。

酸素が供給されない動脈硬化

血管という閉鎖空間で、血液が固まることなく一瞬も休まず循環しつづけられるのは、血管の内面をくまなく覆っている一つの細胞、内皮細胞のお蔭だ。

血管内皮細胞は八面六臂《はちめんろっぴ》。血管に、ある程度の緊張を与え、血管新生因子を放出し、血液が固まらないようにバランスをとり、免疫系細胞ともいえるほどの機能をもち、血液中の水分、栄養素、蛋白質、抗体、補体などを血管外へ移動させる調節も担っている。動脈の内皮細胞が傷めつけられると動脈硬化へと進む。動脈硬化は狭心症、心筋梗塞などの虚血性心疾患や脳梗塞の原因となる。

二〇〇三年の統計をみると、全死亡(一〇一万四九五一人)に対して、心血管および脳血管病変による死亡が約五分の一以上を占める。詳しくいえば、心筋梗塞や虚血性心疾患による死亡が七・二%、高血圧性疾患によるものが〇・六%、くも膜下出血、脳梗塞、脳出血などの脳血管疾患が一二・六%、そして大動脈瘤および解離によるものが一%であった。

人は百病の器物。これらの病気はヒトが酸素を呼吸するがゆえに、つきあわざるを得なくなった疾患でもある。酸素分子はガスだからどこへでも入り込める。ただ酸化力が強いから、必要な箇所へ赤血球中のヘモグロビンの鉄に付いて運ばれる。酸素を運ぶ役目の血管は、もともと酸素からできた活性酸素や、活性酸素で酸化された酸化物などによって動脈硬化をおこし狭くなる。そして、その血管から血液を供給されている組織が酸素不足に喘ぐ。

血管内腔の広さと血液流量とは物理の法則にしたがう。内腔が二分の一になれば流量は一六分の一になる。だから、わずかに内腔が狭くなるだけで血流量はガクンと下がる。眼底検査をおこなうのは、この動脈硬化の進み具合を直接観察するためだ。網膜の細動脈や細静脈の具合から、高血圧や動脈硬化の状態を推測できる。動脈が硬く細くなったり、静脈が硬化した動脈に圧迫されて細くなったりする所見（交叉《こうさ》現象）が観察できる。

動脈硬化はなぜおきるのか、ひとつの仮説は、動脈の内面を覆う内皮細胞が損傷することから始まると考える。高血圧によって心臓から勢いよく血液が駆出《くしゅつ》されて血管の内面が傷つくこともあろうし、糖尿病や喫煙によって内皮細胞が活性酸素で傷を負うこともあるだろう。内皮細胞の傷ついた所に白血球が集まってきて、内皮細胞の下に潜り込んで、マクロファージという食細胞に変身する。マクロファージは変性した脂質をバクバク取り込んで厚いコレステロールの層をつくる。時間とともに次第にお粥のような物質（アテロームプラーク）に

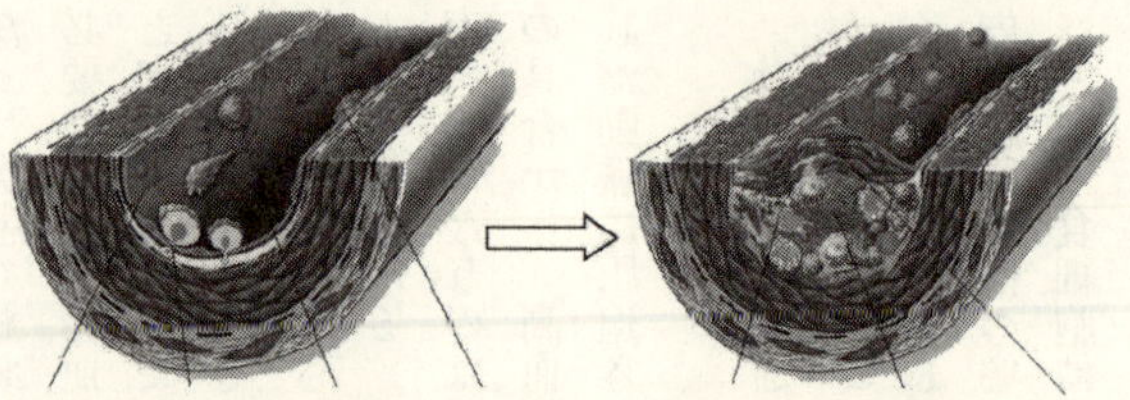

図8－4　動脈が硬くなる　左：初期の変化、右：LDLコレステロールを食べたマクロファージによって血管内膜下に硬い脂肪の層ができる（*N Engl J Med* 340：115－126，1999から引用）。

変化する（図8－4）。

プラークがくっつきあって大きくなり、血流を減らし、プラークが破れて血栓をつくって、心筋梗塞や脳梗塞をおこす。なにもプラークが動脈の内腔を塞ぐくらいに成長しなくても、新鮮なプラークが剝がれて心臓や脳の血管を詰まらせることだってある。だから怖い。

脂質は水となじまないから、蛋白質の容器に入って血液中を移動し代謝される。遊離脂肪酸はアルブミンに包まれ、ほかの脂質（中性脂肪、コレステロール、リン脂質）はリポ蛋白に包まれる。リポ蛋白という容れ物は大きさによって種々分かれていて、LDLのほかにHDLやVLDLなどがある。それぞれに中性脂肪、コレステロール、リン脂質、アポ蛋白などが各々ある比率で含まれている。

注目すべきは低密度リポ蛋白のLDLだ。コレステロールが約四五％、中性脂肪とリン脂質がそれぞれ約二〇％ずつ含まれる。血液中を流れるLDLは内皮細胞の傷口から血管内膜へ入り込んでくる。そこで長くとどまり、酸素フリーラジカルで酸化され、酸化ＬＤＬになる。マクロファージが食べる脂質とはこの酸化ＬＤＬのことである。マクロファージはＬＤＬそのものを取り込んで泡沫《ほうまつ》化することはなく、あくまでも酸化したＬＤＬを食べる。酸化ＬＤＬのマクロファージへの取り込みはスカベンジャー受容体を介しておこなわれる。

クセ者、酸化ＬＤＬ

酸化ＬＤＬはクセ者だ。この変性リポ蛋白は内皮細胞を強く傷め、前述した動脈硬化の一連の過程を進める。内皮細胞は傷つけられると、ホルモン（サイトカイン）を分泌して、血液中を浮遊し流れている白血球を呼び寄せて血管内膜に引き込み、マクロファージへと変身させる。しかも、いったん内膜に取り込んだマクロファージを血中へ戻さないのだ。また、増殖因子が内皮細胞から分泌され、これによって血管中膜の平滑筋が内膜へ進出してきて増殖する。そしてコラーゲンが分泌され、細胞間が埋まり、全体として内膜が厚く、ガチガチに硬いアテローム硬化性プラークとなる。酸化ＬＤＬが動脈硬化を促進するのである。

動脈は三つの壁からなる。血管を裏打ちする内皮細胞の下には内膜があり、続いて平滑筋細胞からなる中膜がある。平滑筋細胞は動脈を収縮、弛緩《しかん》させては口径を調節する。内皮細胞からもこの調節因子が放たれる。そして一番外側に血管に栄養を供給する細動脈や細静脈、リンパ管や神経などを含む外膜がある。

高血圧によって動脈硬化がなぜ進行するのか、その説明は、水道のホースに高い圧力がかかるとホースが早く傷んでしまうという物理的問題としてこれまで説明されてきた。現在は、アンギオテンシンIIという強力な血管収縮物質が高血圧をおこすと同時に血管内皮細胞を傷つけ、炎症反応を通して動脈硬化が進むと考えられている。

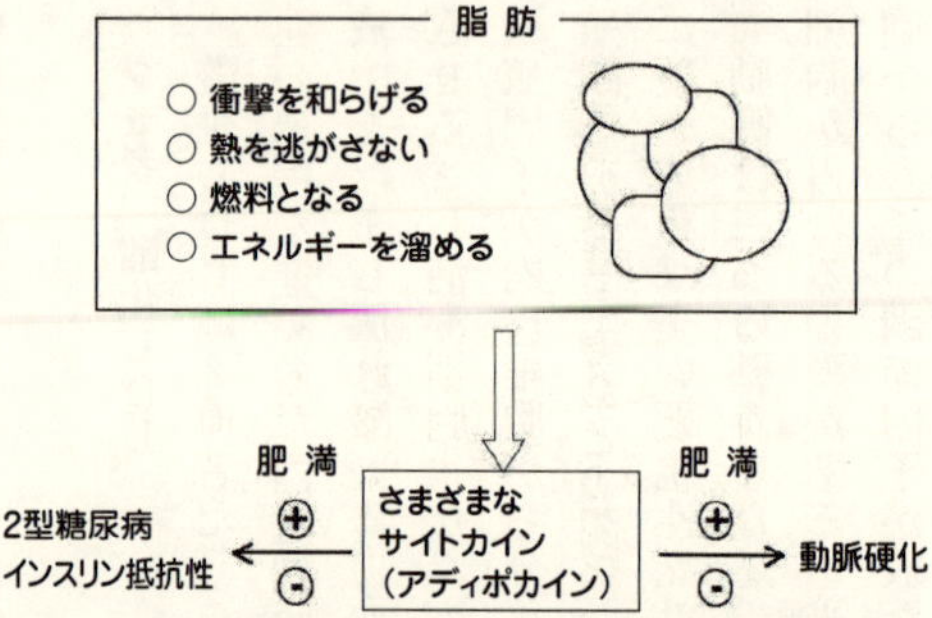

図8－5　脂肪組織から出てくる動脈硬化促進因子
脂肪はホルモン（サイトカイン）を分泌する内分泌器官で、それらは動脈硬化を防いだり、インスリンに反応しやすくする。脂肪量が多いと、これらと反対の作用のサイトカインがたくさん分泌され、動脈硬化やインスリン抵抗性の病態を引き起こす。

注目のメタボリック症候群。お腹のなかに溜まった脂肪組織がホルモン臓器となって、動脈硬化を促進する因子や、インスリンのはたらきを弱くするホルモンを放つ(図8－5)。そして、糖尿病は動脈硬化を進める。血液中を高濃度のグルコースがつねに循環していると過剰な活性酸素を生むことになり、それが動脈硬化の原因となる。

血液中を流れる蛋白質のうち、半減期が長いヘモグロビンやアルブミンはグルコースと結合して糖化蛋白となる（ヘモグロビンやアルブミンのN末端または側鎖のアミノ基にグルコースのアルデヒド基が結合する）。ヘモグロビンが糖化作用を受けるとヘモグロビンA1cとなり、血糖値が継続して高いことの指標となる。糖化蛋白がつくられるとき大量の活性酸素が発生し、この活性酸素こそ糖尿病の病態に影響する。糖化蛋白は血管内皮細胞の受容体と結合し、動脈硬化を促進させる。

この糖化反応は血液中の脂質の輸送蛋白であるリポ蛋白にもおきる。LDLコレステロールが糖化されるのだ。これらの変性した悪玉コレステロールは代謝されにくいため血液中に長くとどまり活性酸素によって酸化され、動脈の内膜に蓄積する。そしてマクロファージに取り込まれ泡沫細胞化され、アテロームをつくって動脈硬化が進む。

酸素消費量と寿命との関係

酸素消費量が高いと早く死ぬ。長生きしたければ何を食べるかでなく、小食にせよ、との研究が複数にある。食事量を少なくすると寿命が延びる。この背景は、食物を酸化してエネルギーを得る過程の電子伝達系がフル回転すると電子がたくさん漏れ、その分、酸素分子が不完全に還元されて活性酸素が多くでき、その結果、老化を早め寿命を短くする、という展開である。細胞のエネルギーをつくる「発電所」であるミトコンドリアは、食べ物から得られた分子を酸素で「燃焼」させ、細胞が使う化学的な燃料をつくる。しかし、その過程でほかの分子を破壊する有害な酸素フリーラジカルもつくる。

長さ約一ミリメートルの線虫に、活性酸素を消去するSODやカタラーゼの合成化合物を投与してみる。すると、平均寿命がいつもより平均で四四％伸びる。老化の早い系統の線虫では六七％も伸びて、ふつうの系統と同じくらい生きる。つまり、酸化ストレスはおもな寿命決定要因の一つといえる。

スーパーオキサイドを消去する酵素SODは、その所在と、含む金属によって三種類に分けられる。マウスで細胞質のなかや外にあるSODをそれぞれなくしてみても、老化がとくに進むということはない。ところが、ミトコンドリアだけにあるSODをなくしてみたマウスは数週で死亡してしまう。このマウスでは発生直後から血液が酸性になったり、拡張性心筋症、進行性神経変性症などの病気がおきたりする。このことから、同じ活性酸素でもミトコンドリアで発生するスーパーオキサイドを消去することが生きるために必須ということになる。

酸素消費量が増え、栄養素をどんどん酸化してエネルギーをたくさんつくるほど、代謝が盛んになって活性酸素がたくさんでき、最終的に寿命が短くなる。この事実は動物を比較してみると分かりやすい。からだの大きな動物、たとえばゾウはマウスのように小さな動物よりもずっと長生きする。それは、象の代謝率がマウスのそれよりも低いことと関係する。実際に動物の寿命は、体重あたりの酸素消費量に密接に関連する。ちがう動物を比べた場合はこのことがいえる。が、しかし、同じ種の動物同士を比べた場合は当てはまらないようだ。

二〇〇四年、代謝率の高いマウスは代謝率の低いマウスよりもずっと長生きすることがわかった。酸素消費量をもとにマウスの代謝率を算出し、同時に寿命も調べたところ、もっとも高い代謝率をもつマウスの寿命は、もっとも低い代謝率のマウスの寿命の三分の四を超えた。寿命の長いマウスの代謝率は、寿命の短いマウスよりも三〇％も高かった。

代謝率の高いマウスは、ふつうのＵＣＰ（非共役型蛋白質）よりも高い活性をもっていた。ＵＣＰはミトコンドリアの内膜にある。ミトコンドリアでせっかく栄養素からエネルギーを引き出し、そのエネルギーをいよいよＡＴＰという「通貨」に変換する最後の段階で、ＵＣＰはそれらを熱、つまり体温として逃がしてしまう。ミトコンドリアのエネルギーのうち熱として逃げる分が多くなるので、細胞に必要な化学燃料をつくりつづけるため、ミトコンドリアは全力ではたらかなければならない。だからミトコンドリアは効率よくはたらき、フリーラジカルなど放出しておられず、老化が遅くなるのかもしれない。

あとがき

ようやくにして上梓。山登りのようだった。

＊

酸素に興味をもったのは大学生の頃だった。それまで東京の高尾山（五九九メートル）しか登ったことがなかったわたしは、大学一年生のとき友だちに槍ヶ岳（三一八〇メートル）へ連れて行ってもらった。難行苦行だった。あとにして思えば、どうしてあれほどにバテたのか不思議なくらいだ。そんな体験もあって、もう二度と山へは行くまいと思いつつ、縁があったのだろう、その後、山岳部や山岳会に入って本格的に山登りを始めた。山が中心の生活になった。一年で一〇〇日以上も山で過ごした。自然のなかに浸る、こんなに深くておもしろい世界があることを存分に知らされた。また、コツコツと登ることもわたしの性分に適っていた。

母校の信州大学に高山病を研究する教室があった。卒業するまでほとんど毎日、そこへ通っては過ごした。三浦雄一郎さんのエベレスト滑降に同行した先生方の教室だった。高所医学の草分けである。低酸素の生理に関心をもつキッカケをつくってくれた。わたしの思考と表現の仕方もここで培われた。以降のわたしの方向性はこうした環境で決まった。

＊

大学五年生の頃、シェルパとポーターと一緒にネパールを二カ月間歩いた。当時、体力はないものの少しだけ自信があった。雪の北アルプスをどんなに歩いても、わずかに休めばいくらでも歩けたから。ところが、ヒマラヤの五〇〇〇メートルを経験したとき、「呼吸は喘ぐ」ということを初めて知った。わずかでも登り勾配になるとからだを進めるのが大変だった。まさに匍匐膝行《ほふくしっこう》。呼吸がつらいなど、小学生で患った気管支炎以来のことだった。大きな体験だった。「なぜ、ヒトは酸素が必要なのか」、この疑問が頭に刷り込まれた。

＊

そんな山中心の生活も卒業と同時にガラリと変わった。外科へ進んだ最初の二年間はほとんど病院のなかで明け暮れ、山とはまったく無縁の世界に放り込まれた。約一〇年、一連の外科の修練を終え、すぐに大学を出ようと思っていたわたしは、出る前に一年間だけ臨床研究をしてみた。ところが、その研究を終えたら周囲の状況でもうしばらく大学に残ることになり、いよいよ基礎研究をする羽目になった。それなら大学生の頃から関心のあった「低酸素」のことをやろうと、考えるまでもなく決めた。外科と低酸素。どう結びつくか。実はあとでわかったが大きなテーマだった。手術を終えると患者さんは細胞レベルで酸素不足に曝される。酸素呼吸をする生物では、栄養素からエネルギーをつくるのに酸素が必要だ。だから、手術後に酸素欠乏になることはかなり問題がある。

＊

最初にやった研究、酸素が少ないと全身の蛋白質が壊れるという研究だが、集中して短期間で終えた。これがアメリカの外科の一流雑誌に載った。酸素を多くしてやると今度は蛋白質がどんどんつくられていく。しかも酸素濃度と蛋白質の収支とがきれいに相関していた。この結果を目の当たりにしたとき、暗くガランとした研究室で呆然と立ちつくした。低酸素に隠された秘密を垣間見た瞬間だった。それから、研究にのめり込んだ。こんなにおもしろい世界があるのかと思った。

それから学生の頃に抱いた疑問の種明かしが始まった。いつか実験で困難を感じたとき、「科学研究は探検と同じなんです。わからない世界を解き明かすのは冒険のようなものです」と、さる高名な科学者がラジオで言っているのを耳にした。山登りができない分、わたしは研究に励んだ。

*

数年前、酸素、それも低酸素について自分の知識をまとめてみようと思った。知らないことだらけだった。酸素はそもそもどこからやってきたのか。どのようにしてガス状分子になったのか。地球が誕生したとき酸素ガスがなかったこと、現在の酸素濃度になったのがここ三億年足らずの間であること、そして、酸素濃度の上昇とともに生物が進化していったことなどどれも知らなかった。ふだんは手術後の患者さんに酸素ガスを投与するのに。

地球のこと、生物のこと、進化のこと、勉強することはたくさんあった。手術後にからだがどのように反応するかということにも関心があったので、あわせて勉強し直した。たどり着いたのは、地球に棲む生物は細菌からヒトに至るまで同じ運命を共有しているということだ。地球も数多《あまた》の星の一つで宇宙物理や化学の法則にしたがっている。そこに暮らす生物全体もその影響を受ける。酸素濃度もそうだ。そのときそのときの酸素濃度にあわせて生物は暮らしてきた。現在はたまたま二一%になっている。ヒトはそれにあわせて、からだの仕組みをつくってきた。それはヒトがつくった仕組みでも何でもない。生物の歴史の上にやっと成立したシステムだ。種《しゅ》はちがっても生命の本質はどの生物でも同じに思える。本書でそのことが少しでも読者に伝われればと思っている。

＊

多くの人のお蔭で本書ができた。とくに、低酸素生理研究への機会を与えてくださった本山十三生先生、学生の頃から終始励ましをいただいた酒井秋男先生、そして、東大分院時代から研究と思考過程をご指導いただいた古屋清一先生にはお世話になりました。深く感謝します。同級生の横澤保君からはいつも格別なアドバイスを貰った。また、マテウス一江さんと中尾珠巳さんには資料整理をお手伝いいただいた。心より感謝します。なお、各章の扉に掲載した写真は山行の思い出に著者が撮影したものです。

二〇〇七年一一月

三村芳和

三村芳和（みむら・よしかず）

1950年，東京に生まれる．信州大学医学部卒業．東京大学医学部第三外科助手，メイヨー・クリニック（アメリカ）内分泌生理学教室を経て，現在，東京大学医学部准教授．医学博士．専攻，内分泌外科学，外科侵襲学，外科栄養学．

著書『外科手術手技図譜』（共著，永井書店，2006年）

酸素《さんそ》のはなし
中公新書 *1925*

2007年12月20日発行

著　者　三村芳和
発行者　早川準一

本文印刷　三晃印刷
カバー印刷　大熊整美堂
製　本　小泉製本

発行所　中央公論新社
〒104-8320
東京都中央区京橋 2-8-7
電話　販売 03-3563-1431
　　　編集 03-3563-3668
URL http://www.chuko.co.jp/

Published by CHUOKORON-SHINSHA, INC.
Printed in Japan　ISBN978-4-12-101925-7 C1245

中公新書刊行のことば

いまからちょうど五世紀まえ、グーテンベルクが近代印刷術を発明したとき、書物の大量生産は潜在的可能性を獲得し、いまからちょうど一世紀まえ、世界のおもな文明国で義務教育制度が採用されたとき、書物の大量需要の潜在性が形成された。この二つの潜在性がはげしく現実化したのが現代である。

いまや、書物によって視野を拡大し、変りゆく世界に豊かに対応しようとする強い要求を私たちは抑えることができない。この要求にこたえる義務を、今日の書物は背負っている。だが、その義務は、たんに専門的知識の通俗化をはかることによって果たされるものでもなく、通俗的好奇心にうったえて、いたずらに発行部数の巨大さを誇ることによって果たされるものでもない。現代を真摯に生きようとする読者に、真に知るに価いする知識だけを選びだして提供すること、これが中公新書の最大の目標である。

私たちは、知識として錯覚しているものによってしばしば動かされ、裏切られる。私たちは、作為によってあたえられた知識のうえに生きることがあまりに多く、ゆるぎない事実を通して思索することがあまりにすくない。中公新書が、その一貫した特色として自らに課すものは、この事実のみの持つ無条件の説得力を発揮させることである。現代にあらたな意味を投げかけるべく待機している過去の歴史的事実もまた、中公新書によって数多く発掘されるであろう。

中公新書は、現代を自らの眼で見つめようとする、逞しい知的な読者の活力となることを欲している。

一九六二年一一月

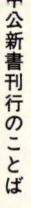

中公新書

医学・医療

自然・生物

s1

389 自然観察入門 日浦　勇
1923 生態系ってなに？ 江崎保男
503 生命を捉えなおす（増補版） 清水　博
1097 生命世界の非対称性 黒田玲子
1772 感性の起源 都甲　潔
1210 いのちとリズム 柳澤桂子
1680 ふしぎの博物誌 河合雅雄編
1315 からだの中の夜と昼 千葉喜彦
1379 からだの自由と不自由 長崎　浩
1647 言語の脳科学 酒井邦嘉
1887 遺伝子・脳・言語 堀田凱樹 酒井邦嘉
1855 戦う動物園 小菅正夫・岩野俊郎著 島　泰三編
1709 親指はなぜ太いのか 島　泰三
1087 ゾウの時間 ネズミの時間 本川達雄
1298 ミミズのいる地球 中村方子

877 カラスはどれほど賢いか 唐沢孝一
1628 オシドリは浮気をしないのか 山岸　哲
1645 カエル―水辺の隣人 松井正文
1736 日本の魚 上野輝彌 坂本一男
1365 トゲウオのいる川 森　誠一
1860 昆虫―驚異の微小脳 水波　誠
1641 虫たちの生き残り戦略 安富和男
1689 モンシロチョウ 小原嘉明
1549 クモの糸のミステリー 大﨑茂芳
1545 ザリガニはなぜハサミをふるうのか 山口恒夫
362 日本の森林 四手井綱英
943 森林の生活 堤　利夫
1238 日本の樹木 辻井達一
1834 続・日本の樹木 辻井達一
1870 カラー版 ドリアン―果物の王 塚谷裕一
1654 カラー版 極限に生きる植物 増沢武弘
798 ヒマワリはなぜ東を向くか 瀧本　敦

1400 花を咲かせるものは何か 瀧本　敦
1552 つぼみたちの生涯 田中　修
1706 ふしぎの植物学 田中　修
1890 雑草のはなし 田中　修
1769 苔の話 秋山弘之
939 発酵 小泉武夫
1683 火山災害 池谷　浩
1922 地震の日本史 寒川　旭
1925 酸素のはなし 三村芳和